张志

百科阅读

青少年着迷的

植物奥秘

山西出版传媒集团
山西经济出版社

图书在版编目（CIP）数据

青少年着迷的植物奥秘 / 张志伟著 . -- 太原：
山西经济出版社 , 2019.1（2021.5重印）
（新时代百科阅读）
ISBN 978-7-5577-0409-4

Ⅰ.①青… Ⅱ.①张… Ⅲ.①植物—青少年读物
Ⅳ.① Q94-49

中国版本图书馆 CIP 数据核字（2018）第 271272 号

青少年着迷的植物奥秘
QINGSHAONIAN ZHAOMI DE ZHIWU AOMI

著　　者：	张志伟	
选题策划：	吕应征	
责任编辑：	李春梅	
装帧设计：	蔚蓝风行	

出　版　者：	山西出版传媒集团·山西经济出版社
地　　　址：	太原市建设南路 21 号
邮　　　编：	030012
电　　　话：	0351-4922133（市场部）
	0351-4922085（总编室）
E – mail:	scb@sxjjcb.com（市场部）
	zbs@sxjjcb.com（总编室）
网　　　址：	www.sxjjcb.com

经　销　者：	山西出版传媒集团·山西经济出版社
承　印　者：	永清县晔盛亚胶印有限公司

开　　　本：	787mm×1092mm　　　1/16
印　　　张：	10
字　　　数：	80 千字
版　　　次：	2019 年 1 月　　第 1 版
印　　　次：	2021 年 5 月　　第 2 次印刷
书　　　号：	ISBN 978-7-5577-0409-4
定　　　价：	24.80 元

前言

　　从杳无人烟的荒漠到碧波荡漾的大海，从万里冰封的两极到炽热无比的火山口，处处都有植物的影踪。可以想象，植物的世界是多么广阔和多彩！正是它们把我们的地球家园装扮得美丽、富饶，充满生机。形态各异的叶子、千姿百态的花朵、高低不同的枝茎，植物的这些特征是在数亿年的进化中形成的，它们经受了重重考验，一直发展到今天。在这个妙趣横生的植物世界里，有的身材高大，根深叶茂；有的美丽迷人，却富含毒性；有的互利共生，相依为命。本书以活泼生动的语言和精彩纷呈的图片全方位展示了植物世界的奥秘，有趣、实用、丰富，快随我们一起踏上这趟美妙的阅读之旅吧！

目 录 *Contents*

绿色家族

　　植物是地球上最多姿多彩的生命，几千年来，人们发现了数十万种植物，它们形态各异，五彩缤纷。现在，就让我们一起来看看这个美丽的大家族吧！

什么是植物

植物是生物界中的一大类，它们的身影几乎遍及地球的每一个角落。同时，植物也是大自然家族里最重要的成员之一，因为它们制造出了地球上生物赖以生存的氧气和食物。

花

茎

叶

最早的植物

植物距今已有 25 亿年的历史了，藻类是世界上最早的植物，它们一般生活在有水的地方，甚至生活在鲸的腹部、雪原和沙漠的土壤中。它们没有真正的根、茎或叶，但它们有叶绿素，可以进行光合作用制造食物。

知识小笔记

由于人为因素造成了许多严重的全球性的环境问题，国际植物遗传资源委员会为此建立了国际基因库联网中心，以贮存更多的植物基因。

植物的构造

植物通常由根、茎、叶、花和果实五部分组成。根、茎负责输送植物生长所需的水和营养物质等；花朵里含有生殖器官；果实里含有植物的种子或包裹种子的部分。

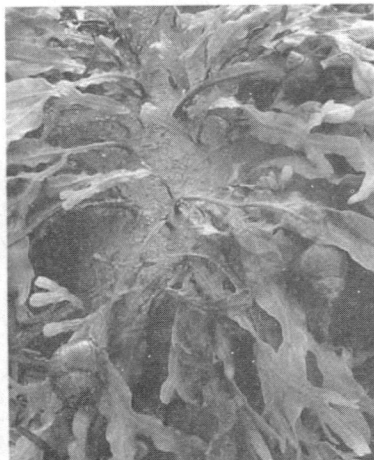

生长在欧洲北大西洋沿岸冷水海域的泡叶藻，寿命很长，而且多年的生长积聚了丰富的有机质和矿物质。

植物虽然被固定在一处，但它有运动的能力，如根的延伸、茎的生长、花的绽放等。

植物的分类

植物按结不结种子可以分为不结种子的孢子植物和结种子的种子植物两大类。种子植物中，种子裸露的植物称"裸子植物"，能开出鲜艳花朵的称"被子植物"。

秋天来临，银杏树叶变黄了。

春暖花开，万物复苏，到处一片生机盎然的景象。

广泛的用途

植物最大的用途就是释放出供人类和动物生存的氧气。植物还被用来生产食物、美化环境、制造纸张和乐器以及防止水土流失等。

荷花在夏季盛开

植物的生长

植物的生长跟气候有关，只有在合适的温度、湿度和光照条件下，它们才能更好地成长。所以，大多数植物会随着四季交替周而复始地生长。一般来说，它们在春天发芽、开花；夏天生长、结果；秋天落叶、枯萎；冬天冬眠或者死亡。

绿色家族

植物的"嘴巴"——根

根 是植物的组成部分之一，它通常生长在地下，并不能被我们看到，但不起眼的根对植物起着相当重要的作用。它就像是植物的"嘴巴"，能从泥土里吸收供植物生长和发育的营养和水分。

植物的脚

土壤中有许多或粗或细的根，就像无数只脚，牢牢地抓住泥土，使植物的茎干能够直立起来。树木长得越高大，它的根往往就越粗壮。

须根系

植物的根系有两种类型，其中一种根系叫须根系，它是由一大簇粗细差不多的根组成的，好似乱蓬蓬的胡须。玉米、水稻、高粱等的根都属于须根系。

知识小笔记

植物的根有向水性，它会朝着水源充足的地方生长，有时会深入地下几十米。

玉米的须根

直根系

　　植物的另一种根系是直根系，是由粗壮发达的主根、主根上长出的侧根及侧根上长出的细根共同组成的。如大豆、棉花等植物的根。

胡萝卜的储藏根

　　有一种根能够储存营养，叫作储藏根，因为这种根特别肥大，所以又叫作肉质根。胡萝卜的根就是这样的，它不但可以吸收土里的水分和矿物质，还能储存营养物质，相当于一个营养仓库。

榕树的气生根

直根系

块根和贮藏根的相同之处在于它们都可以贮藏营养。

榕树的气生根

　　有一种类型的根是暴露在空气中的，叫作气生根，比如榕树的根。它是从树干或树枝上长出的，有几百条甚至上千条之多，而且越来越长，越长越粗，当它们垂入地下后，几乎就和粗壮的树干一样，看上去就像一片树林，其实这只是一棵独树。

绿色家族

植物的骨——架茎

茎 是维管植物地上部分的骨干，上面生长着叶、花和果实，它就好比人体内的骨架一样，能撑起植物的身体。茎还具有输导营养物质和水分的作用，有的茎还具有光合作用、贮藏营养物质和繁殖的功能。

❋ 地上茎

大部分植物的茎部都在地面上生长，长在地面上的茎叫作地上茎。根据地上茎的生长习性和生长方向的不同，可以分为直立茎、缠绕茎、攀缘茎和匍匐茎。这四种茎都能向高处和宽处生长，使叶片展示在阳光下。

葡萄的攀缘茎

仙人掌的茎含有叶绿素，能够进行光合作用，制造养分。

❋ 攀缘茎

有一种茎不能直立，必须借助特有的物体，附着其向上生长，比如葡萄、爬山虎、豌豆、常春藤等。

❀空心茎

有些植物的茎中间部分退化，是空心的，如小麦、竹子、芦苇等。空心的茎不但有利于通气，而且还能把更多的营养让给茎边上的细胞吸收，让它们更强壮，不容易折断。

❀草莓的匍匐茎

草莓的茎喜欢趴在地面上生长，这种茎叫作匍匐茎，它能在爬行过程中不断长出新的根，扎入土壤中，很快长出一棵新的植物。所以，我们平常看到的草莓总是成片出现的。

草莓的茎是匍匐茎

note 知识小笔记

你知道吗？许多植物的茎或茎皮可以作为药材，比如麻黄、桂枝、黄连、半夏等。

❀牵牛花的缠绕茎

有一种不能直立的茎，是以螺旋的方式缠绕着其他物体向上生长的，这叫缠绕茎。比如牵牛花的茎，它总是一圈圈地缠绕着树干或竹竿向上爬，如果失去了支撑物，它就不能生长。

绿色家族

植物的运输通道——茎

植物的茎大多数笔直地挺立在地面上，茎枝上长着叶子、花朵和果实，在支撑植物的同时，也充当着根和叶的运输通道，但有些植物的茎因为生长的需要发生了变异。形状变得让人难以辨认，同时还具有了新的功能，这样的茎叫作"变态茎"。

❀ 块茎 ▶▶▶

块茎是地下变态茎的一种，呈球形的块状个头，有发达的薄壁组织，能贮藏丰富的营养物质。块茎的表面有许多芽眼，如马铃薯、甘薯等都属于块茎的一种。

马铃薯的块茎

洋葱发芽

note 知识小笔记

大部分地下茎因为含有丰富的养料，常被用来食用，如荷花的根茎藕、洋葱的鳞茎、马铃薯的块茎等。

鳞茎

生长在地下的鳞茎是变态茎的一种，呈现为球形体或扁球形体，由肥厚的鳞片层层包裹构成。洋葱、蒜头、水仙、百合等都属于鳞茎。

洋葱的鳞茎

竹子的地上茎

竹子的地上茎与地下茎

长在地面的竹竿就是竹子的茎，这是它的地上茎。竹子还有长在泥土中的地下茎，叫作"竹鞭"，因为竹鞭有着根的形状，所以竹子的地下茎属于根状茎。

藕的地下茎

藕是荷花的地下茎，它像根一样长在淤泥里。藕里面有十多个长长的空心圆孔，这是藕的通气孔，因为它在水下淤泥中缺少空气，有了通气孔，就能把空气送往茎的各个部分了。

藕的通气孔

绿色家族

植物的"绿色工厂"——叶

叶子能通过叶绿素把太阳的能量和空气中的二氧化碳转化成营养供植物吸收，还能储存营养，供人类和动物利用，所以被称为植物的"绿色工厂"。

叶子的结构

叶子由表皮、叶肉和叶脉三部分组成。如果我们把叶子比作一个绿色工厂，叶片的上下表皮就是工厂的围墙；叶肉就是厂里的生产车间，而在车间里起重要作用的就是叶绿体；叶脉是工厂里的传输系统。这三大部分相互配合，保证植物的正常生存。

上表皮
叶肉
叶脉
气孔
下表皮

喷洒到叶片上的肥料或者农药有一部分也会通过气孔进入植物体内

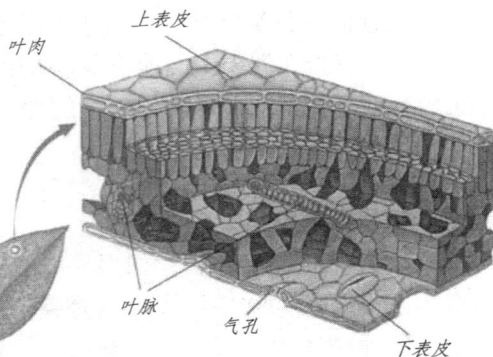

柑橘的叶，形似单叶，但其叶柄与叶片之间有关节，称为"单身复叶"。

叶片吐水

清晨，我们常常能见到许多植物的尖端或者边缘垂挂着一颗颗晶莹的水珠，其实这并不是露水，它们是从植物的叶片内分泌出来的液体，科学家把这种现象称为吐水。

叶子的不同形态

就像人的长相各不相同一样，植物的叶子也有各种各样的形状，如鳞形、披针形、卵形、圆形、镰形、菱形、匙形、扇形等。世界上找不出两片完全相同的叶子。

会"爬"的叶子

豌豆是我们常吃的蔬菜，它的叶子很普通。但有趣的是，豌豆叶子前端的几片小叶变成了卷须，豌豆就是靠这样的卷须，顺着其他物体的身体向上攀爬生长的。

会"爬"的豌豆叶子

知识小笔记

在适应各种生活环境的过程中，一些植物的叶子发生了变态，最典型的是沙漠中的仙人掌植物，为了保存体内的水分，减少蒸腾作用，它们的叶子退化成了细小的针状叶。

叶片上的气孔

如果把叶子拿到显微镜下观察，就会看到上面有许多微小的孔隙，这些就是植物的气孔。气孔是植物与外界进行气体交换的通道，同时也是体内水分蒸发的出口。

绿色家族

美丽的外衣——花

许多植物都会开出鲜艳、芳香的花朵，不仅如此，它还肩负着植物传宗接代的重要任务。植物开花的目的正是为了繁衍后代，产生种子。

花的结构

花有很多种，但大体结构都是相同的，主要由花瓣和花蕊组成。其中，花蕊包括雄蕊和雌蕊，雄蕊上带有花粉，雌蕊包括柱头、花柱和子房三部分。位于雄蕊顶部的柱头，是用来承受花粉的；花柱是花粉进入子房的通道；子房则是产生种子的地方。

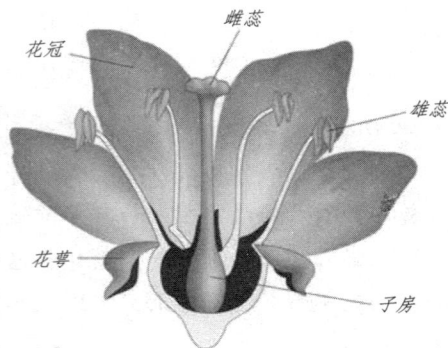

雌蕊
花冠
雄蕊
花萼
子房

知识小笔记

一株植物可以开一朵或许多朵花，如果许多小花按照一定顺序排列在花枝上，就叫作花序。

雄蕊和雌蕊

成熟的雄蕊能产生花粉和精子，而成熟的雌蕊中的胚珠里有卵细胞。它们经过传粉和受精，才会发育出胚，成长为新一代的植物。

❀花粉的传播

花粉的传播方式很多，但都要借助外面的媒介力量来帮忙。有些是通过蝴蝶、蜜蜂等昆虫来传播花粉，这样的花叫作"虫媒花"；有些利用风来传播，称为"风媒花"；还有些靠水来传播花粉的"水媒花"。

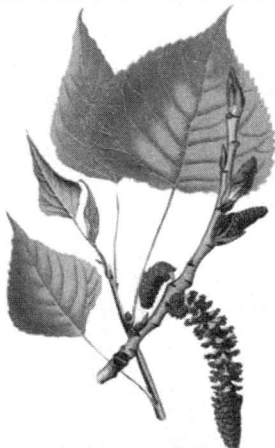

杨树的花瓣已经退化，雄蕊几乎全部暴露在风中，它借助风力传播花粉，能减少许多阻碍。

❀健康食品——花粉

花粉的营养价值很高，富含丰富的蛋白质、碳水化合物、维生素、氨基酸等多种物质，它的蛋白质含量超过大豆，氨基酸含量是牛肉的5~7倍。

勤劳的小蜜蜂常常穿梭在花丛中，帮助植物传粉。

❀广泛的用途

美丽的花朵与人们的日常生活息息相关，处处显出自己的价值。比如宜人的花香能使人心情愉快，还可以抑制某些菌类的生长；花中的蛋白质、维生素等含量很高，食用极有营养，还有美容护肤的作用。此外，漂亮的鲜花还可送人，表达温馨的祝愿。

绿色家族

植物的奉献——果实

水果是我们最常食用的果实，它富含丰富的维生素和多种必需的微量元素。果实是植物的花经过传粉受精后，由雌蕊的某一部分发育而成的器官。果实的外表通常由果皮包裹，在果皮里面，则是用来传宗接代的种子。

note 知识小笔记

蒲公英的果实上有一丛蓬松的白绒毛，有风的时候，这些好比降落伞的果实就会被吹散到四面八方。

❀ 果实的来源

果实是由植物的子房发育而成的，植物的种子就藏在里面，所以植物的子房其实是专门保护种子的。

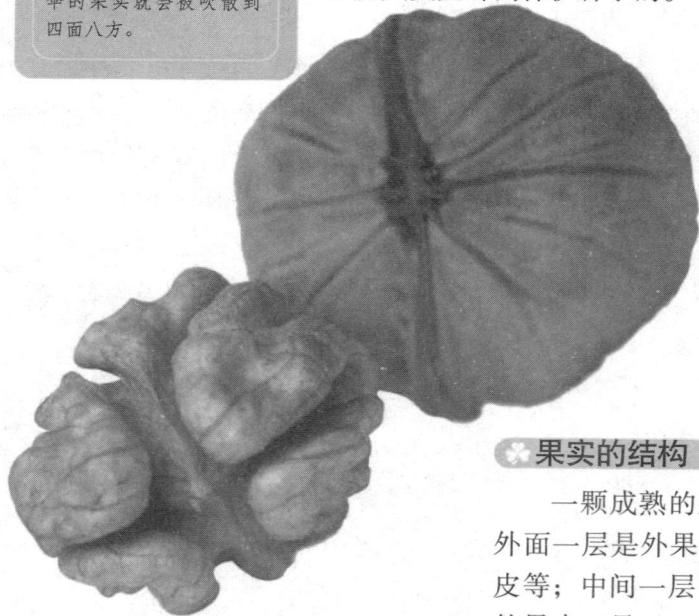

❀ 果实的结构

一颗成熟的果实一般分为三层，最外面一层是外果皮，例如桃子皮、苹果皮等；中间一层叫中果皮，是肥美多汁的果肉；最里面一层是内果皮，是坚硬的核。而种子就藏在核里面。

多样的果实

果实是各种各样的，有的果肉很厚，果汁很多，我们叫它浆果，比如草莓等；有的果实是内果皮木质化形成核，叫作核果，比如核桃等；有的果实是由许多小果实紧紧挤在一起的，称为"颖果"，比如我们经常吃的玉米。

可以嫁接的果实

一般来说，一棵树只能结一种果实，但果实是可以嫁接的，如果把一种果树的树枝嫁接到另一种果树上，它就能结出不同的果实。

单果

多数植物的花只有一个雌蕊，形成一个果实，所以称为单果。单果又分为肉质果和干果。常见的肉质果有番茄、柑橘、西瓜和猕猴桃等；常见的干果有向日葵和板栗等。

绿色家族

生命的延续——种子

种子肩负着植物传宗接代的重任，所以被誉为植物的"命根子"。种子由胚、胚乳和种皮组成，它是储存养料最丰富的地方，含有淀粉、糖类、蛋白质、脂肪、维生素和矿物质等。

种子的寿命

种子的寿命一般都不长，一颗种子如果能活到15年以上，就已经算是很长寿的了。

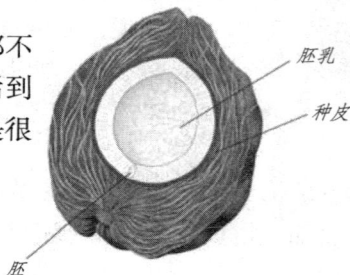

胚乳
种皮
胚

种子的结构

种子的结构分为三层，最外面的一层是对种子起保护作用的种皮；中间是储存能量物质的胚乳；最里面一层是可以发芽长大的胚。

种子的"营养仓库"

胚乳为胚的成长发育提供必需的营养物质，是种子的"营养仓库"。不过，并不是所有的植物都有胚乳，有的植物种子是用一个叫"子叶"的器官来代替胚乳的，如蚕豆。

剥开蚕豆的种皮后，我们会看到两片肥厚的豆瓣，那就是负责为种子发育成长输送营养的子叶。

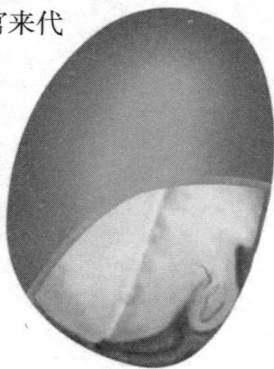

很多植物依靠自己的力量传播种子

最大的种子

塞舌尔是非洲东部一个风光旖旎的岛国，岛上有一种身躯高大的复椰子树，它高 15~20 米，直径 30 厘米。它的种子直径约 50 厘米，最大的可重达 15 千克，复椰子树的种子是世界上最大的种子。

note 知识小笔记

科学家在研究动物的粪便时发现，知更鸟粪便中的种子，有 80% 以上能发芽。

刚萌发的种子，幼根向下伸向泥土，渐渐长成一棵嫩绿的幼苗，去接受阳光的洗礼。

自立的种子

跟许多植物种子不同，凤仙花种子的传播是完全依靠自身的力量来完成的。当它们成熟后，就会自动炸裂，把里面的种子弹射出去。

种子的传播

种子成熟后，并不是就近着落，而是利用种种方法来散布自己，以扩大繁殖的领域。常见的靠风传播的有蒲公英，靠动物传播的有鬼针草，还有靠水传播的睡莲。

绿色家族

种类最少——裸子植物

在植物王国中，有一类植物用来繁育后代的种子是没有被果皮包裹着的，我们把这些裸露着种子的植物称为"裸子植物"。

❀ 最大的覆盖量 ≫≫≫

裸子植物是地球上最早以种子来繁殖的植物，但种类只有 800 多种，是植物界中种类最少的。

❀ 重要的林木 ≫≫≫

裸子植物很多为重要的林木，尤其在北半球，大的森林 80% 以上都是裸子植物，如落叶松、冷杉、银杏、云杉等。

❀ 云杉 ≫≫≫

云杉是裸子植物的代表，它是依靠风力传播花粉的，它的花粉每秒下降 6 厘米，虽不及下落雨滴的速度，却是各种花粉中下落最快的。

云杉

✿ 落叶松 ▶▶▶

落叶松的天然分布很广，它是生长在寒温带及温带的树种，在针叶树种中是最耐寒的。欧洲阿尔卑斯山的落叶松非常有趣，当繁育的嫩苗被羊吃掉后，便会很快长出一簇刺针，一旦羊再犯，它们就会刺中羊的身体，让羊无法再接近。

落叶松等针叶林的种子是松鼠的主要食物

✿ 金色活化石 ▶▶▶

银杏是裸子植物的代表，它的历史非常悠久，早在 2.7 亿年前就生活在地球上，被人们称为"金色的活化石"。银杏树外形很美观，叶子就像一把小小的扇子。因为它的生长速度非常缓慢，经常是爷爷栽下去的树，到孙子那一辈才能吃到它结的果实，所以又被人称为"公孙树"。

银杏树具有很强的抗污染能力

绿色家族

进化地位最高——被子植物

被子植物是植物界中数量最多、结构最复杂、进化地位最高的植物类群，几乎可以适应任何环境。它们具有根、茎、叶、花、果实和种子，而且种子的外面都有果皮包裹着。

❀ 高等植物

被子植物最突出的特征是可以开花结果、产生种子来繁衍后代。之所以说它是一种高等植物，是因为它的受精过程不需要水，而且多数被子植物还具有可以上下贯通的导管。

牡丹的叶子像鹅掌，长在低矮的枝干上，每到初夏时，牡丹花就层层叠叠地绽放，显得雍容华贵。

❀ 最早的被子植物

生长在 1.3 亿年前的辽宁古果是最早的已知被子植物。它们能开出美丽的花朵，并用果实来保护种子，这样的生殖方式非常先进，得以让它们顺利地繁衍壮大。

辽宁古果化石

被子植物的分类

根据被子植物种子里的子叶数目是一片还是两片，我们将其分为单子叶植物和双子叶植物两大类。除了子叶的不同，我们还根据叶脉和根系的不同来区分这两类植物。

杜鹃花

杜鹃花是典型的被子植物，又名映山红。其实，杜鹃花不是只有红色的，还有白色、黄色等。杜鹃花主要在春天开花，在开花的季节，千姿百态的花朵挂满枝头，艳丽可爱。

种类最多的被子植物

菊科是被子植物中种类最多的一科，它最重要的特征是由许多小花簇拥在一起，形成美丽的头状花序，使昆虫很容易发现传粉的目标。菊科还有药用、观赏等作用，比如蒲公英、向日葵等。

绿色家族

不喜阳光——苔藓植物

在阳光照不到的墙角下或大树根旁边，我们常常可以找到绿色的苔藓植物，这是一类非常低等的植物。常见的苔藓植物有地钱、葫芦藓、墙藓等。

❀ 苔藓植物的特点 ▶▶▶

苔藓植物的植株大都十分矮小，只有几厘米长，因为它们的受精过程离不开水，所以它们大多喜欢生长在阴暗潮湿的环境中，如阴湿的石面、泥土表面、树干或枝条上。

泥炭藓的植物体具有很强的吸水力，可以用来铺苗床。此外，泥炭藓消毒后还可以代替药棉。

❀ 苔藓植物的分类 ▶▶▶

苔藓植物可以分为苔和藓两大类。苔类植物的身体通常呈扁平状，贴着地面生长；藓类植物则大多数都有略为明显的茎和叶，笔直着向上生长。

苔藓植物的作用

苔藓植物常常成丛，密集生长于阴湿环境中，覆盖在地面上，可减少雨水对土壤的冲刷，起着保持水土、涵养水分的作用。

知识小笔记

有些苔藓植物只能生长在酸性或碱性的土壤中，所以苔藓植物又具有指示土壤性质的作用。

绿茸茸的苔藓植物

葫芦藓长得十分矮小，只能生活在阴湿的环境中。

葫芦藓

葫芦藓是典型的苔藓植物，它的身高仅有 1.5 厘米左右，叶子又小又薄，没有叶脉，大多由一层细胞组成，小得几乎看不到，但是因为叶片细胞内含有叶绿体，所以依然能进行光合作用。

天然检测器

苔藓植物在被污染的空气中会生长不良，叶色泛黄，有的甚至枯萎和死亡。所以，人们常用苔藓植物来监测空气污染的程度。某地区大气越清洁，附生的苔藓就越多；相反，污染越严重，则附生的苔藓就越少，甚至绝迹。

苔藓植物比蕨类植物要矮小

绿色家族

代代相传的生命

　　形态各异、千姿百态的植物在地球上已经生活了数亿年，在这期间，它们经受重重考验，一代又一代地生息繁衍着，把地球装扮得绚丽多彩。

植物的一生

植物从种子萌发到枯萎死亡，可算作一个生命周期。它们的生命周期有长有短。沙漠中的一些植物，仅在短暂的雨季，便可完成生命的全过程；而一些高大粗壮的树，能活几千年。

一年生植物 >>>

有的植物在一年中，就完成了生命的全过程。它们的生命周期从种子萌发开始，形成幼苗，经生长发育后，开花、授粉，然后产生新一代的果实、种子，最后植株枯萎死亡。

各种颜色的胡萝卜

二年生植物 >>>

二年生植物是指在两个生长季节内完成其发芽、生长、开花、结果、死亡的植物。在第一个生长季节里，二年生植物长根、茎和叶；在第二个生长季节里开花、结果和结籽，然后死亡。

艳丽缤纷的桃花使人流连忘返

桃树的一生

桃树为多年生落叶小乔木，它的生命周期为 20~50 年。桃树的种子种到地里，几年后才能开花结果。它的树龄越大，枝杈越多，树冠也越大。每年夏天是桃树果实成熟的季节。

多年生植物

那些寿命较长，能活3 年以上的植物叫多年生植物。它们从种子萌发到长出幼苗，再经过几年的生长，才能发育成熟，开花、结果。此后它们每年都要经过开花、结果的生长阶段。

玉米的一生

大多数的玉米都是春天播种、秋天收获的。玉米的小苗长得很快，它的雄穗先开花散粉，雌穗的花丝接受了花粉粒后，就开始长出玉米粒，直至玉米成熟。成熟的玉米粒，既是果实，又是种子。

代代相传的生命

最有活力的阶段——种子萌芽

种子是植物传宗接代的繁殖器官。种子萌芽是生命发展的最初阶段，也是植物生长过程中最有活力的阶段。

充足的水分

水分是种子发芽所必需的。有了水分，酵素才能活动，种子贮藏的养分才能水解产生作用，细胞才能膨胀生长。

足够的氧气和温度

种子开始活动就要进行呼吸作用，也就需要氧气。只有少数水生植物的种子，能在缺氧状况下发芽。另外，每一种植物都有最适合发芽的温度，不同的植物，适合发芽的温度也不一样。

种子的发芽过程 ▷▷▷

　　种子发芽的过程分3个阶段：吸水膨胀、萌发和出苗。有活力的种子，受潮吸水后，开始进行呼吸、蛋白质合成以及其他代谢活动，经过一定时期，胚芽、胚根伸出种皮，长成一棵幼苗。

知识小笔记

　　一棵幼苗破土而出时，甚至可以顶翻压在它上面的一块大石头。

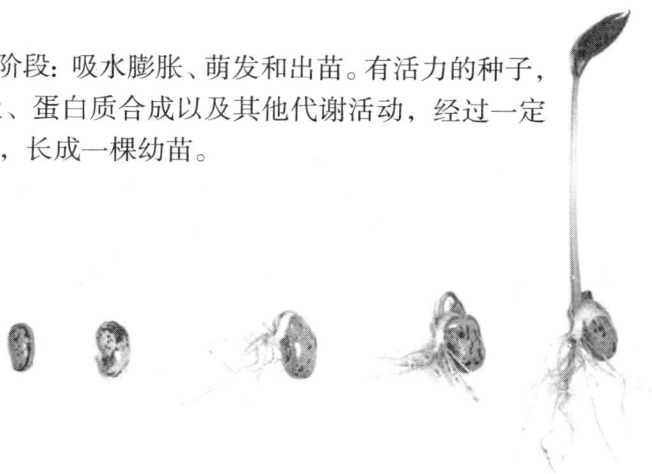

顽强的生命力 ▷▷▷

　　刚刚萌发的种子幼根朝下，伸向泥土，而子叶却向上，慢慢破土而出，长成一棵嫩绿的幼苗。虽然新长出的幼苗看上去很柔弱，却蕴藏着顽强的生命力。

无心的播种 ▷▷▷

　　松鼠有储存食物的习惯，每年秋天它们就会采集许多果实，储藏在临时挖好的洞穴中，以备过冬之需。可松鼠的记性不太好，常常忘记埋果实的地方，每年春暖花开的时候，那儿就会长出许多幼苗来，所以，人们也称松鼠为"勤劳的播种者"。

松鼠

代代相传的生命

各显神通——种子传播的奥秘

植物和动物不同，它们生长在固定的地方，不能像动物一样走来走去。那么，到秋天植物的种子成熟时，它们都是依靠什么巧妙的方法来传播种子的呢？

自体传播

自体传播就是靠植物体本身传播，并不依赖其他的传播媒介。果实或种子本身具有重量，成熟后，果实或种子会因重力作用直接掉落地面，例如毛柿及大叶山榄；而有些蒴果及角果，果实成熟开裂之际会产生弹射的力量，将种子弹射出去，例如乌心石。

风传播

有些种子会长出形状如翅膀或羽毛状的附属物，乘风飞行。或者因为种子的重量、体积较小，也可以依靠风来传播，把种子散播远方，比如柳树、木棉、兰科的种子、蒲公英等。

柳絮

🌸 鸟传播

　　鸟类传播的种子，大部分都是肉质的果实，例如浆果、核果及隐花果。果实被鸟类采食后，种子经过消化道后被随意排泄。靠鸟类传播种子的植物是比较先进的，因为鸟类传播种子的距离是所有方式中最远的。

樱桃等植物的果实颜色鲜艳，味道也不错。它们能引来鸟儿啄食，种子再随鸟儿的粪便排出。

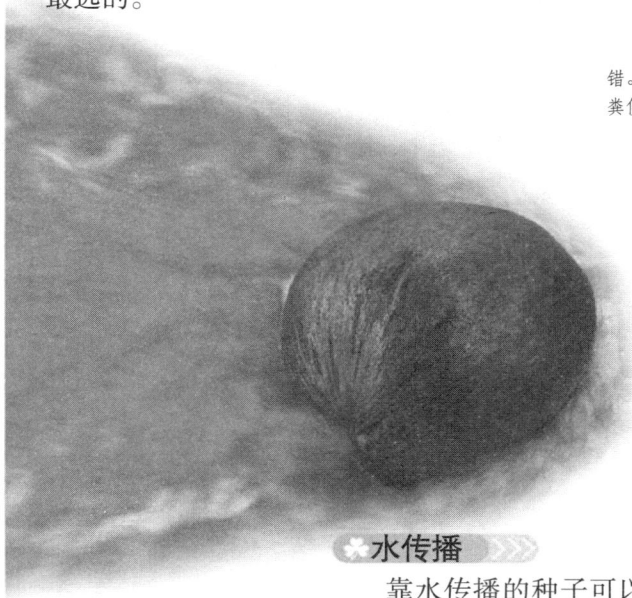

椰子种子的传播需要依靠流水的帮助才能完成。椰子成熟以后，落到海洋中，由于它外面裹着粗纤维组织，里面充满了空气，所以它能浮在水面上，随着海水漂流，一旦冲上海滩，很容易生根发芽。

🌸 水传播

　　靠水传播的种子可以浮在水面上，经由溪流或洋流来传播。此类种子的种皮常具有较厚的纤维质，可防止种子因浸泡、吸水而腐烂或下沉，如睡莲、棋盘脚、莲叶桐等。

🌸 哺乳动物传播

　　哺乳动物传播的种类，大部分都是属于一些中、大型的肉质果或干果。一般而言，哺乳动物的体型比较大，食物的需要量大，故会选择一些大型的果实。比如猕猴喜爱摄食毛柿及芭蕉的果实，同时也是在帮助这些植物进行传播。

note 知识小笔记

　　荷花的果实是莲蓬，它成熟时随波逐流，把种子带到远方，等莲蓬腐烂沉到水底，第二年就长出新的植株。

代代相传的生命

繁衍后代——开花和结果

当植物生长到一定阶段时，花朵便开始绽放，随后丰收的果实也悄悄挂满枝头……简单地讲，开花和结果是高等植物有性生殖的重要环节。只有经过传粉和受精，植物才能产生种子，繁衍后代。

❀ 传粉 ❯❯❯

传粉是指雄蕊花药中的成熟花粉粒传送到雌蕊柱头上的过程。有自花传粉和异花传粉两种方式。典型的自花传粉是闭花传粉，如豌豆和花生植株下部的花，不待花蕾张开就完成传粉作用。异花传粉为开花传粉，须借助外力，如昆虫、风力等传送。

花粉

植物的受精

受精是指精子与卵细胞融合形成受精卵的过程。当花粉落到柱头上后，受柱头黏液的刺激开始萌发，长出花粉管，花粉管穿过花柱，进入子房，到达胚珠。花粉管中的精子进入胚珠内部，与胚珠中的卵细胞结合，形成受精卵。

人工辅助授粉

若子房的胚珠内未形成受精卵将不能正常发育，果实可能脱落或果实内部种子为空瘪粒。为了防止自然传粉不足的情况，可通过人工的方法给植物进行辅助授粉，即人工辅助授粉。

note 知识小笔记

传粉媒介主要有昆虫（包括蜜蜂、甲虫、蝇类和蛾等）和风。此外，蜂鸟、蝙蝠和蜗牛等也能进行传粉，还有些植物通过水进行传粉。

果实和种子的形成

植物受精后，花瓣、雄蕊、柱头、花柱都会凋落，子房继续发育成果实，子房壁发育成果皮，胚珠发育成种子，珠被发育为种皮，受精卵发育成胚。

一株玉米的雄花上有5000万粒花粉，风一吹便会漫天飞舞。

代代相传的生命

植物的制氧工厂——光合作用

光合作用是植物、藻类利用叶绿素和某些细菌利用其细胞本身，在可见光的照射下，将二氧化碳和水转化为有机物，并释放出氧气的生化过程。

❀重要的阳光 ❯❯❯

所有的植物都需要从太阳光中吸取能量，进行光合作用，制造出供自己生存的食物。如果没有阳光，那我们的地球也就不会有生命。

植物的光合作用是通过叶子来实现的

❀自养生物 ❯❯❯

植物与动物不同，它们没有消化系统，因此它们必须依靠其他方式来摄取营养，这就是所谓的自养生物。对于绿色植物来说，在阳光充足的白天，它们会利用阳光的能量来进行光合作用，以获得生长发育必需的养分。

植物栽培与光能的合理利用

光能是绿色植物进行光合作用的动力。在植物栽培中，合理利用光能，可以使绿色植物充分地进行光合作用。合理利用光能主要包括延长光合作用的时间和增加光合作用的面积两个方面。

制造有机物

绿色植物通过光合作用制造有机物的数量是非常巨大的。据估计，地球上的绿色植物每年大约制造四五千亿吨有机物，这远远超过了地球上每年工业产品的总产量。所以，绿色植物的生存离不开自身通过光合作用制造的有机物，人类和动物的食物也都直接或间接地来自光合作用制造的有机物。

阳光传递生命的媒介

植物利用阳光的能量，将二氧化碳转换成淀粉，以供植物及动物作为食物的来源。叶绿体由于是植物进行光合作用的地方，因此可以说是阳光传递生命的媒介。

note 知识小笔记

晚上不应把植物放到室内，避免因植物呼吸而引起室内氧气浓度降低。

代代相传的生命

植物体内代谢的过程——呼吸作用

呼 吸作用是高等植物代谢的重要组成部分，与植物的生命活动关系密切。呼吸作用根据是否需要氧气，分为有氧呼吸和无氧呼吸两种类型。

✿ 呼吸作用 》》》

生物的生命活动都需要消耗能量，这些能量来自生物体内糖类、脂类和蛋白质等有机物的氧化分解。生物体内的有机物在细胞内经过一系列的氧化分解，最终生成二氧化碳或其他产物，并且释放出能量的总过程，叫作呼吸作用。

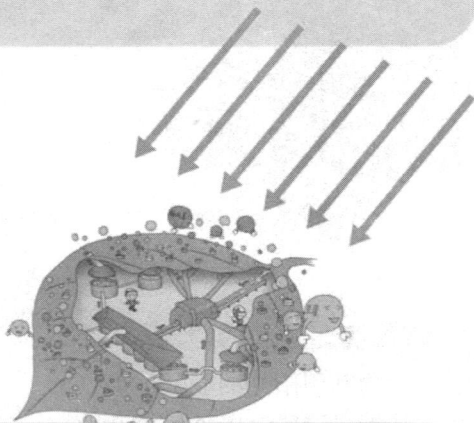

有氧呼吸

有氧呼吸是高等植物进行呼吸作用的主要形式，它是指细胞在氧的参与下，通过酶的催化作用，把糖类等有机物彻底氧化分解，产生二氧化碳和水，同时释放出大量能量的过程。

无氧呼吸

无氧呼吸一般是指细胞在无氧条件下，通过酶的催化作用，把葡萄糖等有机物质分解成为不彻底的氧化产物，同时释放出少量能量的过程。

重要意义

呼吸作用能为生物体的生命活动提供能量，还能为体内其他化合物的合成提供原料。在呼吸过程中所产生的一些中间产物，可以成为合成体内一些重要化合物的原料。

发酵工程

发酵工程是指采用工程技术手段，利用生物的某些功能，为人类生产有用的生物产品，或者直接用微生物参与控制某些工业生产过程的一种技术。人们熟知的利用酵母菌发酵制造啤酒、果酒、工业酒精，利用乳酸菌发酵制造奶酪和酸牛奶等，都是这方面的例子。

代代相传的生命

降温散热的法宝——蒸腾作用

蒸腾作用是绿色植物的一项重要的生理活动，它对维持植物体内水分的含量，以及在高温季节降低植物体的温度等生理活动，起到了至关重要的作用。

重要的蒸腾作用

植物的根吸收土壤中的水分，通过蒸腾作用，由叶片散发到体外。如果散发的水分多于吸收的水分，植物体细胞就会失去水分而软缩，植物体就会产生萎蔫现象。

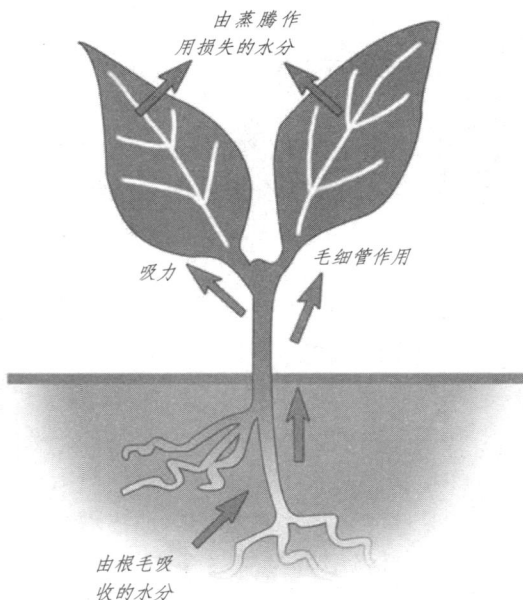

由蒸腾作用损失的水分

吸力

毛细管作用

由根毛吸收的水分

不可或缺的气孔

植物的蒸腾部位主要是叶片，其表面布满了许多气孔。不同的植物，叶面上气孔的数量和位置也是不一样的。生活在陆地上的植物，气孔多藏在叶面下；但浮在水面上的植物，气孔主要分布在叶面上。

"抽水"的动力

叶片的水分蒸腾散失后，叶肉细胞液的浓度提高，增加了叶肉细胞向叶脉细胞吸水的动力，这样就促使叶片向茎吸水，茎又向根吸水，从上到下形成了一股吸水的强大动力，不断地从土壤向上自动"抽水"。

降温散热的秘诀

　　蒸腾作用能够帮助植物降温散热，它实质上是一个水的汽化过程，而这一过程是需要消耗热量的。蒸腾作用的正常进行，使植物能在烈日的烘烤下保持一定的恒温，不致被高温烫伤。

影响蒸腾作用的因素

　　植物的蒸腾作用也受到环境中温度、光照的影响，在一定的范围内，温度越高，光照强度越大，蒸腾作用强度越大；温度越低，光照强度越弱，蒸腾作用强度越小。另外，蒸腾作用还会受到空气湿度、空气流动速度的影响。

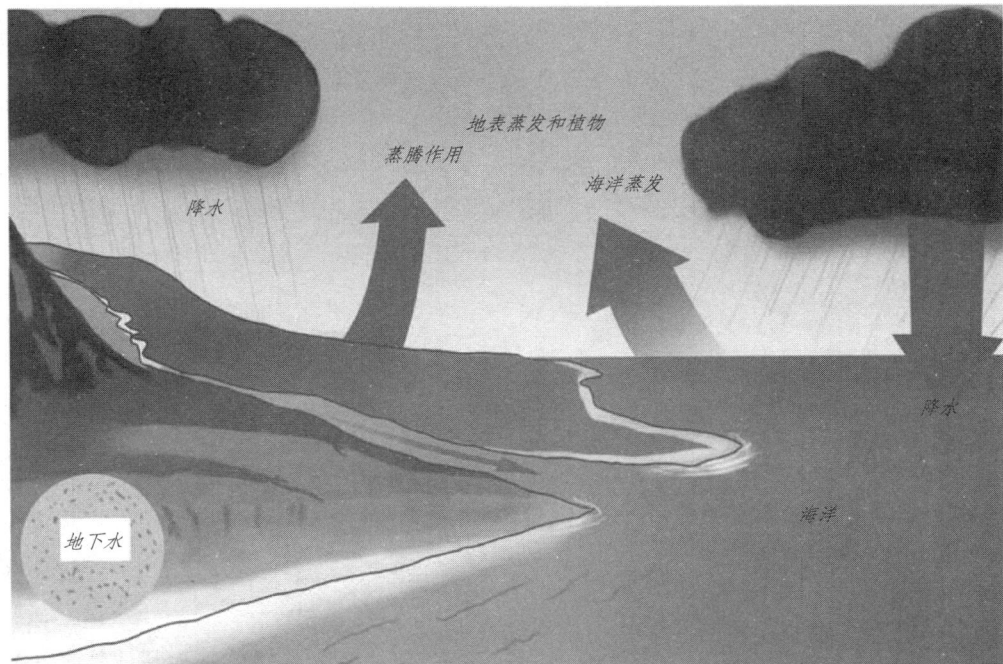

地表蒸发和植物

蒸腾作用

海洋蒸发

降水

降水

地下水

海洋

代代相传的生命

植物部落

世界上的植物各种各样，形态万千。不同的植物有着自己特殊的生活习性，同时也需要不同的生活环境。总之，在纷繁茂盛的植物家族中，每个植物部落都是一道亮丽的风景线。

地域划分——植被的地带性分布

植被与其他自然要素有着密切的联系，任何一个地区的自然植被都是那里自然环境的必然产物。因此，植被虽然有各种各样的类型，它们在地球上的分布却有明显的规律。

生长的前提

阳光、水分、矿物质、空气是植物生长的基本条件，但不同的植物需要不同的生活条件，这一特性造成了地球植物分布的地域性差别。

纬向地带性

沿纬度方向有规律地更替的植被分布，称为植被分布的纬向地带性。由于太阳辐射提供给地球的热量有从南到北的规律性差异，植被也形成带状分布，从低纬度到高纬度依次出现热带雨林、亚热带常绿阔叶林、温带落叶阔叶林、寒温带针叶林、寒带冻原和极地荒漠。

经向地带性

以水分条件为主导因素，引起植被分布由沿海向内陆发生更替，这种分布称为经向地带性。由于海陆分布、大气环流等综合作用的结果，从沿海到内陆降水量逐步减少，因此，在同一热量带，各地水分条件不同，植被分布也发生明显的变化。

植物的地带分布具有明显的差异性

知识小笔记

我国东北的长白山，它所在的水平地带是针阔混交林带，随着山体的升高，依次出现针叶林带、岳桦林带和高山苔原带。

垂直地带性

植被分布除在水平方向具有纬向地带性和经向地带性以外，在垂直方向也有一定的分布规律，这就是垂直地带性。所谓垂直地带性，就是随着海拔高度的变化，依次出现不同的植被带。垂直地带性的形成原因主要是随着高度变化而引起水分、热量条件的差异。

植被随海拔高度而变化

植物部落

长在水里——湿地植物

湿地是地球上有着多功能的、富有生物多样性的生态系统，是人类最重要的生存环境之一。而湿地植物则泛指生长在湿地环境中的植物。它们通常生长在地表经常过湿、常年积水或浅水的环境中。

湿地植物的分类

湿地植物包括沼生植物、湿生植物。这种植物的基部浸没于水中，茎、叶大部分挺于水面之上，暴露在空气中，因此，具备陆生植物的某些特征。湿地植物是水生植物和陆生植物之间的过渡类型。

桐花树

桐花树是常见的红树林湿地植物，在滩涂的外缘或河口的交汇处分布较多。它的叶柄带有红色，叶面常见有排出的盐。桐花树的叶子不但是较好的饲料，而且还是很好的蜜源。

桐花树

湿地植物的功能

湿地植物除了能够直接给人类提供工业原料、食物、观赏花卉、药材等，还在湿地生态系统中发挥关键作用。

水松

水松为我国特有的单种属植物，分布区位于中亚热带东部和北热带东部。水松耐水湿，侧根很发达，生于水边或沼泽地的树干基部膨大，呈柱槽状，并有露出土面或水面的屈膝状呼吸根。另外，它的木材材质轻软，可做建筑等用材。

水松主要在中国生长，星散分布于华南和西南地区，但也有少量分布于越南。喜温暖多雨气候及酸性土壤，不耐寒，耐水湿，常分布于水边湿地。

芦苇

芦苇是典型的湿地植物，多生于低湿地或浅水中。它的地下茎或根系位于水底的淤泥中，而植物的上半部分和叶子生长在水面以上。苇秆可做造纸和人造丝、人造棉原料，也可供编织席、帘等用，还是一种适应性广、抗逆性强、生物量高的优良牧草。

植物部落

喜水的植物——水生植物

水生植物是指那些能够长期在水中正常生活的植物。它们常年生活在水中，形成了一套适应水生环境的特殊本领。通常在水流平缓的河流湖泊中，水生植物种类较多；而在湍急的江河中，它们往往不易存活。

✿ 发达的通气组织 ▶▶▶

水生植物大都具有很发达的通气组织，在它们的身体里形成了一个输送气体的通道网，即使长在不含氧气或氧气缺乏的污泥中，仍可以生存下来。通气组织还可以增加浮力，维持身体平衡，这对水生植物也非常有利。

✿ 荷花 ▶▶▶

荷花是一种最常见的水生植物，它夏季开花，有白、粉、红等颜色。荷花的根固定在水下土壤中，它的叶柄和藕中有很多通气的孔眼，而茎、叶子与花则伸出水面，获得更多的阳光及空气。

荷花

note 知识小笔记

水生植物的叶子能够浮在水面上呼吸，有的叶子还有特殊的排水器官，能够将多余的水分排出体外。

金鱼藻

金鱼藻是悬浮于水中的多年水生草本植物，全株呈深绿色，植物体从种子发芽到成熟均没有根，叶子的边缘有散生的刺状细齿，茎平滑而细长，长达60厘米左右。

满江红

满江红是生长在水田或池塘中的小型浮水植物。幼时呈绿色，生长迅速，常在水面上长成一片。秋冬时节，它的叶内含有很多花青素，群体呈现出一片红色，所以叫作满江红。满江红可以作为水稻的优良绿肥，也可做鱼类和家畜的饲料。

金鱼藻

菱

菱是典型的浮叶水生植物，有"水中落花生"之称，它的果实"菱角"有尖尖的硬角，能保护自己不被鱼吃掉。菱角垂生于密叶下方的水中，必须全株拿起来倒翻，才可以看得见。

菱角能把刚刚生出的小幼苗固定在一个地方，免得它随水漂走。

满江红的繁殖速度惊人，人们常常把它作为水族箱中的鱼食或作为绿肥。

植物部落

结满球果——针叶林植物

如今的天下虽然是被子植物占主角，可是由裸子植物组成的针叶林却是现存面积最大的森林。一般来讲，针叶林是寒温带的地带性植被，是分布最靠北的森林。

针叶林的分布

针叶林广泛分布于世界各地，以北半球为主。北以极地冻原为界，南接针阔混交林。其中由落叶松组成的称为明亮针叶林，而以云杉、冷杉为建群树种的称为暗针叶林。

世界最大的原始针叶林

横跨欧、亚、北美大陆北部的针叶林属寒带和寒温带地区的地带性森林类型，是世界最大的原始针叶林，也是世界最主要的木材生产基地。

西伯利亚针叶林带

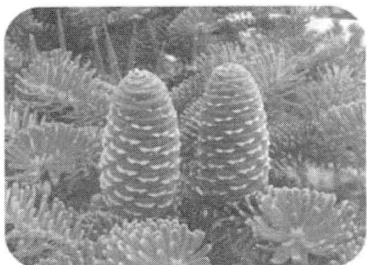

冷杉

　　冷杉树是典型的暗针叶林植物，它的皮是深灰色的，树高可达到40米，主要分布于欧洲、亚洲、北美洲、中美洲及非洲最北部的亚高山至高山地带。冷杉为耐阴性很强的树种，喜冷和空气湿润的地方，具有独特的观赏特性和园林用途。

落叶林

　　落叶松是明亮针叶林的代表，它喜欢阳光充足、较干旱的环境，森林常较稀疏，阳光直达林下，冬季落叶后林下更是充满阳光，是典型的"明亮针叶林"。落叶松的根系较浅，可以在永久冻土上生长，对土壤的要求不高，能够在严酷的自然环境中生存。

松树

植物部落

终年常绿——常绿阔叶林植物

常绿阔叶林植物是亚热带湿润地区由常绿阔叶树种组成的地带性森林类型。在中国，以长江流域南部的常绿阔叶林最为典型，面积也最大。

不同的名称

常绿阔叶林植物在不同的国家有着不同的名字，在日本称照叶树林，欧美称月桂树林，中国称常绿栎类林或常绿樟栲林。这类森林具有常绿、革质、稍坚硬、叶表面光泽无毛、叶片排列方向与太阳光线垂直等特征。

常绿阔叶林的分布

常绿阔叶林是亚热带海洋性气候条件下的森林，主要见于中国长江流域南部、朝鲜半岛、日本、非洲的东南沿海和西北部、墨西哥、智利、阿根廷、大洋洲东部以及新西兰等地。

note 知识小笔记

常绿阔叶林区的生物资源极为丰富，许多树种具有很高的经济价值。如红豆杉、杉木、马尾松、毛竹等都是良好的建材。

常绿阔叶林带（中国广西）

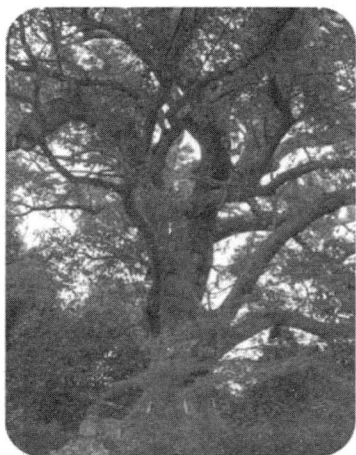

樟树

樟树是属于樟科的常绿性乔木，高可达30米，树龄成百上千年，为优秀的园林绿化林木。樟树在春天新叶长成后，前一年的老叶才开始脱落，所以一年四季都呈现绿意盎然的景象。樟树全株还具有清香味，可驱虫，而且味道永远不会消失。

樟树是樟科常绿大乔木，别名木樟、香樟、乌樟、栲樟。原产中国南部各省，中国台湾、越南、日本等地亦有分布。

桂花

桂花为常绿阔叶乔木，高可达15米，树冠可覆盖400平方米。桂花适应于亚热带气候广大地区，它终年常绿，枝繁叶茂，秋季开花，黄白色的小花极为芳香，另外，桂花还有较高的药用价值。

桂花

山茶

山茶别名玉茗花、耐冬、曼陀罗等，原产我国东部和日本，属于常绿阔叶灌木或小乔木，高可达15米，种子含油达到45％以上，花朵可以做收敛止血药。

植物部落

夏绿冬枯——落叶阔叶林植物

落叶阔叶林是温带、暖温带地区地带性的森林类型。因其冬季落叶、夏季葱绿，又称"夏绿林"。中国的落叶阔叶林主要分布在东北地区的南部和华北各省等地区。

❀ 落叶阔叶林分布区 ❯❯❯

落叶阔叶林植物几乎完全分布在北半球受海洋性气候影响的温暖地区。这些地方四季分明，夏季炎热多雨，冬季寒冷。

❀ 分类 ❯❯❯

落叶阔叶林的结构简单，可明显分为乔木层、灌木层和草本层。落叶阔叶林的乔木树种都具有较宽的叶片，叶上通常无或少茸毛，厚薄适中。芽有包得很紧的鳞片，树干和树枝也有很厚的树皮，这些都是适应冬季寒冷环境的结构。

白桦树

白桦树

白桦是典型的落叶阔叶林植物，它是喜光的阳性树种，也是针叶林或落叶阔叶林破坏后出现的次生类型。白桦树外貌整齐，树干挺直，树皮为白色，形成特有的景观。

水曲柳

水曲柳属于落叶大乔木，高达30米，胸径可达1米以上。水曲柳是古老的残遗植物，分布区虽然较广，但多为零星散生。材质坚韧，纹理美观，是制作家具的良材。但因砍伐过度，数量日趋减少，目前大树已不多见。

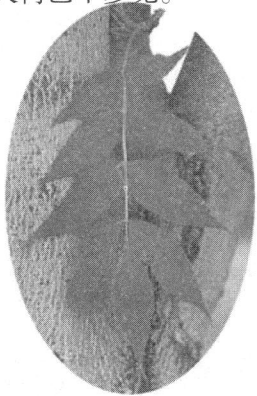

水曲柳

羊胡子草

特别的羊胡子草

羊胡子草为多年生草本，根状茎粗短，生于岩壁上。羊胡子草的花看起来就像羊的胡子一样，用手摸一下，有点像头发的感觉。它们曾被用来制作烛芯，填充枕头，也有药物作用。

植物部落

与大海做伴——海滨植物

在大海边，生长着许多千姿百态的植物。由于海滩长期受到海水的浸润，土壤含盐量很高，一般来说，过多的盐分进入植物体内就会对植物产生致命的影响，但是这些植物都有自己独特的生存本领。

马鞍藤

几乎在全世界热带地区的海边都能见到马鞍藤的踪影，因其叶子形状长得像马鞍而得名，开出紫色或深红色的花，它也被称为"海滨花后"。

马鞍藤

椰子树

椰子树是最重要的海滨植物之一，它的树干细长，基部膨大，树顶有巨大的羽状叶子，形成优美的树冠。成熟后的椰子甜美可口，具有较高的营养价值。

椰子树常常生长在海边地势仅高于涨潮水面、有循环的地下水或雨量充足的地方。

露兜树

露兜树生长于热带的海滨地区，它身材不高，但形态很特殊。露兜树的叶子呈带状，有1米多长，叶子的两边和背面中脉上都生有尖锐的锯齿，特别容易伤到人。

银叶树生长在潮湿的环境中，每天被潮汐冲击。

知识小笔记

许多海滨植物会将茎部隐藏在沙堆里，根部则深埋在沙土中，只让叶片暴露在地面上。这样可以减少自然或人为对其造成伤害。

银叶树

银叶树喜欢生长在潮湿的环境里，它植株高大，树干挺直。它的花很小，灰灰绿绿的，密密地吊在树枝上。果外皮具有充满空气的海绵组织，使之能漂浮于海面，种子随海潮漂流传播远方，故称海漂植物。

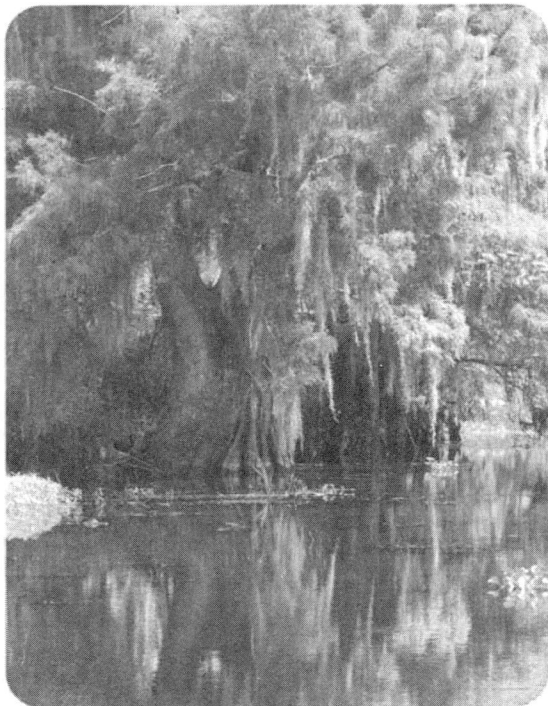

红树林

红树林是一种稀有的木本胎生植物，由红树科的植物组成，生长于陆地与海洋交界带的滩涂浅滩。红树林不仅为海洋动物提供了良好的生长发育环境，还起到防风消浪、促淤保滩、固岸护堤、净化海水和空气的作用。

植物部落

"高不可攀"——高山植物

在海拔数千米的高山地区，不仅空气稀薄，气温很低，风力和紫外线强烈，还缺少可以利用的水分。但在这么恶劣的环境下，却生长着一些具有独特结构的高山植物。

特别的根系

大多数高山植物有着粗壮而柔韧的根系，它们常插入砾石、岩石的裂缝之间或粗质的土壤里吸收营养和水分，以适应高山粗疏的土壤和在寒冷、干旱环境下生长发育的要求。

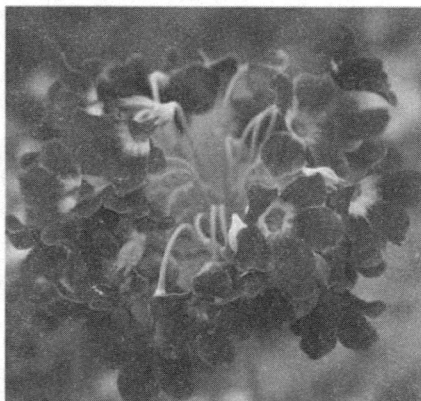

鲜艳的花朵

鲜艳的颜色

高山植物的颜色特别鲜艳，是因为高山上的紫外线很强，能破坏植物的染色体，于是它们产生了大量的胡萝卜素和花青素。这两种物质能吸收紫外线，使植物细胞正常工作，也使花朵的色彩变得更艳丽。

垫状植物

生长在高山上的植物，一般体积矮小，茎叶多毛，有的还匍匐着生长或者像垫子一样铺在地上，形成所谓的"垫状植物"。一团团垫状体就好像一个个运动器械中的铁饼，散落在高山的坡地之上，这样，它们才能抵御大风的吹刮和冷风的侵袭。

> **知识小笔记**
>
> 雪莲的种子在0℃发芽，3℃~5℃生长，幼苗能经受-21℃的严寒。在生长期不到两个月的环境里，它的高度却能超过其他植物的5~7倍。

雪莲被称为"傲冰斗雪的勇士"

雪莲

雪莲是高山植物重要的代表之一，它生长在高山雪线下的悬崖峭壁上。个体不高，茎、叶密生厚厚的白色绒毛，既能防寒，又能保温，还能反射高山阳光的强烈辐射，使其免遭伤害，这也是对高山严酷环境的一种适应。

雪绒草

雪绒草又名雪绒花，是著名的高山花卉之一。植株表面是白色或灰白色棉毛，生于岩石间。有着"世界花园"之称的瑞士，把雪绒草定为国花。

雪绒草

植物部落

不怕炎热的勇士——沙漠植物

干旱少雨的茫茫沙漠，气候特别干燥炎热，除了夜晚，几乎一直在烈日的暴晒下。植物要在这样严酷的气候中生活不是一件容易的事情，不过沙漠里的植物们却自有生存的"法宝"。

光棍树

光棍树原产于热带沙漠地区，它一年四季树上都是光溜溜的绿色枝条，几乎不长叶子。若折断一小根枝条或刮破一点树皮，就会有白色的乳汁渗出，这种乳液有剧毒，能起到抵抗病毒和害虫侵袭的作用。

由于光棍树的原产地处于热带沙漠地区，这里气候炎热干燥，长期无雨，光棍树便适应了这种自然环境，没有叶子，以便减少蒸腾，节省水分。

仙人掌

仙人掌有着"沙漠英雄花"的美名，为了适应沙漠里干旱的生活环境，它的叶子已经退化成针刺状，这样可以大大减少水分蒸腾的面积。它的气孔只在晚上才微微张开，这样可以有效地阻止水分从体内跑掉。

仙人掌

沙漠玫瑰

沙漠玫瑰又名天宝花，原产于非洲的肯尼亚、坦桑尼亚，因原产地接近沙漠而得名。它的花形似小喇叭，玫瑰红色的花四季常开不断，非常艳丽。

沙漠玫瑰喜欢干燥、阳光充足的环境，耐干旱不耐水湿，耐炎热不耐寒冷。

知识小笔记 note

沙漠植物有一套对付干旱的方法，它们擅长用自己特殊的器官来贮存水分。此外，它们还有发达的根，能够吸到很深很远地方的水。

千岁兰

千岁兰生长在非洲西南沿海纳米比亚及安哥拉的沙漠中，它的茎十分短粗，在茎的顶部边缘分别向两侧生出两片巨大的叶片，这种奇形的裸子植物寿命很长，一般都能活数百年以上。

胡杨

世界上的胡杨绝大部分生长在中国，树高 15~30 米，它能忍受荒漠中的干旱，对盐碱有极强的忍耐力。胡杨的根可以扎到地下 10 米深处吸收水分，其细胞还有特殊的机制，不受碱水的伤害。

在沙漠中，只要遇到整片的胡杨林，就证明离水源不远了。

植物部落

种类繁多——草原植物

提 起草原，许多人的头脑里立刻会浮现出蓝天下"风吹草低见牛羊"的优美场景。其实，组成草原植物的种类相当复杂，就算极小的一个区域内也有许多不同的植物。

纺锤树的大肚子
最多可贮存2吨水

纺锤树 ▶▶▶

在南美洲的巴西高原上，生长着一种身材高大、体形别致的树木。它有30米高，两头尖细，中间膨大，最粗的地方直径可达5米，远远望去很像一个个巨型的纺锤插在地里，人们称它为纺锤树。

皂荚树 ▶▶▶

皂荚树树干高大，树姿雄伟，它的寿命长达600~700年，是中国现存的古老树种之一。它的果实也就是我们平常所说的"皂角"，具有清洁等功能。因为皂荚树耐旱节水，根系发达，既可以用作防护林和水土保持林，也是营造草原防护林的首选树种之一。

草原上成片生长的青草就像大地的保护伞，它不但能制造氧气，而且还能保护土壤，减少风暴。

金合欢树

金合欢树是非洲热带稀树草原上的优势树种，它的花是橙黄色的，盛开时好像金色的绒球一样。在澳大利亚，金合欢被誉为国花，人们喜欢把它种在房屋周围，花开时节，花篱就好像一道金色的屏障，令人沉醉。

金合欢芳香的花可提炼芳香油，做高级香水等化妆品的原料。

黄茅草

草滩上常常生长着成片的黄茅草，它的茎是黄色的，叶子也带点黄色，很好辨认。黄茅草的草籽小小的，还可以食用。

珠海有一个黄茅岛，因为生长有茂密的黄茅草而得名。

金莲花

金莲花为毛茛科金莲花属植物。金莲花茎直立，叶形如碗莲，花色有黄、橙、粉红、橙红、乳白、紫红、黑色和双色等。花朵盛开时，如群蝶飞舞，别具风趣。

金莲花

植物部落

寒带植物的代表——苔原植物

苔原植物是寒带植物的代表，它分布于北冰洋周围沿岸，在欧亚大陆北部和美洲北部占有很大的面积，形成一个环绕北极的大致连续的地带。

恶劣的生长环境

苔原植物处于极不利的生态条件下，冬季漫长而寒冷，夏季短促而低温，最暖月平均温度只有10℃或略高，最低温度则达–55℃。植物生长期每年只有2~4个月。在生长季节里，植物的根只能在地表大约仅30厘米的深度内自由伸展，30厘米以下则是坚如磐石的永久性冻土层。

生长缓慢

苔原植物多为多年生的常绿植物，可以充分利用短暂的营养期，而不必费时生长新叶和完成整个生命周期。永久冻土阻挡了植物向土壤深处扎根，短暂的营养期使苔原植物的生长也非常缓慢。

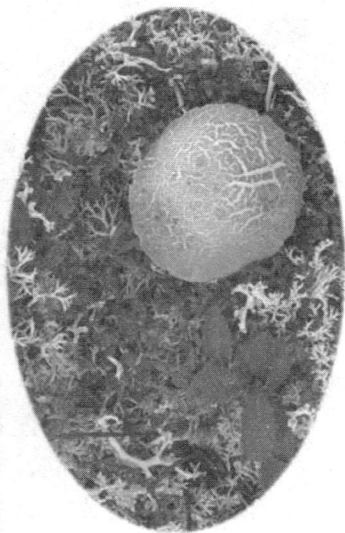

在北极的植物中，地衣的数量最多。

❀牛皮杜鹃

牛皮杜鹃为常绿灌木，株高 10~25 厘米，牛皮杜鹃适应了高山寒冷的气候条件，株型呈垫状灌木，根系发达，枝叶密厚。牛皮杜鹃生长的地方，就像给大地盖上了一层被子，对水土保护和维持生态平衡有重要作用。

牛皮杜鹃

松毛翠

❀松毛翠

松毛翠分布于长白山高山苔原带，并在欧洲和北美洲的北极高寒地区也有分布。松毛翠为常绿灌木，株高仅 10~20 厘米，松毛翠花虽小，然而花多且玲珑可爱。

❀鲜艳的花朵

苔原植物常具有大型鲜艳的花，大部分花向着太阳开放，以便尽可能多地采集太阳光。有些植物则能在开花期忍受冬季的寒冷，如北极辣根菜的花和幼小的果实在冬季有时被冻结了，但到春季解冻后则继续发育。

植物部落

不畏严寒——极地植物

极地是指地球上纬度高于南北极圈的区域——北极大陆块和南极大陆块。极地的气候寒冷、多风干燥，环境十分严酷，不过仍然有些植物在这里顽强地生存着，它们就是极地植物。

极地柳

极地柳

生长在条件严酷环境下的极地柳可不像大陆上的柳树那么高大，它们的高度只有30~60厘米。春天，极地柳的嫩茎、圆形的叶子等都可以食用。

note 知识小笔记

由于缺乏足够的氧气和营养，极地植物生长极其缓慢，如极地柳一年中枝条仅增长1~5毫米。

极地花朵

在条件严酷的极地地区也生长着一些美丽的花朵，它们在夏天气温升高时长得很旺盛，还能开出大型而鲜艳美丽的花朵，如北极地区的大勿忘草、仙女木、罂粟花等。

北极的白花

极地藻类

在冰冷的南极海水中，生长着很多红藻，它们体内有大量的藻红素，因此呈现出鲜红色或紫红色。即使在深海中，红藻也能吸收微弱的蓝光和绿光，为自己制造营养。

北极辣根菜

生活在北极的辣根菜能忍受 –46℃ 的低温，堪称"抗寒英雄"。辣根菜还可以作为抗坏血病的药物。

海洋红藻

驯鹿

苔藓和地衣

苔藓和地衣是寒冷的极地地区典型的植物，有苔藓 500 多种。这些植物被覆盖在厚厚的冰雪下面，能够为驯鹿等动物提供食物。

植物部落

四季常青——热带雨林植物

地处赤道地区的热带雨林，因为温暖的气候和充沛的雨量，孕育了种类繁多的植物。在这里，树木很高大，种类也很丰富，而且大树底下的各种草本、藤本、寄生等植物交错生长在一起，组成了庞大而神秘的雨林生物群落。

种类繁多的植物

热带雨林植物种类繁多，有成千上万种名贵的药材、木材、果树、油料及橡胶等经济作物。热带雨林植物不受任何污染，是大自然赋予人类最神奇、最完美的天然瑰宝。

层次分明

热带雨林中的植物有着鲜明的层次感，它们有高有矮，上层有以浓密的树冠遮天蔽日的高大乔木，下层有从缝隙中寻找阳光的幼树和矮小植物。在接近地面的地方，还生长着蕨类、灌木、苔藓、菌类和藻类植物。

热带雨林

note 知识小笔记

为了争夺空间和阳光，热带雨林植物之间会展开激烈的生存竞争。"植物绞杀"和"独木成林"是热带雨林的重要特征。

球兰是夹竹桃科球兰属的植物。分布于台湾岛以及中国大陆的广西、福建、广东、云南等地，生长于海拔 260~1200 米的地区。

❄ 藤本植物 ▶▶▶

藤本植物是靠缠绕或攀缘于其他树木支撑自己躯干的植物,它们通常都有长蛇似的身躯,从一棵树爬到另一棵树,从下面爬到树顶, 又从树顶垂挂而下, 交错缠绕, 好像是交织在密林中的一道道巨大蛛网。

热带雨林也是野生
动物们的天堂

❄ 望天树 ▶▶▶

望天树又名擎天树,是热带雨林的标志性树种。它通常有 50 多米高,几乎与 20 层楼一样高。它的树干笔直挺立, 好像一根伸向半空的擎天大柱,树冠像一把巨大的伞,要仰头望天才能看得到它的枝叶。

❄ 榕树 ▶▶▶

榕树以树形奇特、枝叶繁茂、树冠巨大而著称。枝条上生长的气生根,向下伸入土壤,形成新的树干,称为"支柱根"。榕树高达 30 米,可向四面无限伸展。其支柱根和枝干交织在一起, 形似稠密的丛林,因此被称为"独木成林"。

榕树的须根

植物部落

人类生活的"助手"

　　植物的功能多种多样，它们可以满足人类的各种需求。无论是食用，或是制作物品……在人类的生活中都可以看到植物的身影。因此从古代很早的时候起，植物就成了人们不可缺少的朋友。

不可缺少——粮食植物

俗话说"民以食为天"。粮食对人们生活的重要性不言而喻，其种类主要有小麦、水稻、玉米、大麦等。其中，小麦、水稻和玉米并称为三大粮食作物。

❀ 小麦

　　小麦是世界上分布最广泛、产量最多的粮食作物，它们生长在温度较低的旱地上，是一年或二年生草本植物。世界上有一半的人以小麦为食，它可以做成面包或各种面食。

小麦

水稻

❀ 水稻

　　水稻是亚洲人主要的粮食，又被称为"亚洲粮食"。它生长在水田里，叶长而扁，人们把它加工成大米，做成米饭和糕点。

高粱

❀ 高粱 ▷▷▷

高粱是人类最早栽种的粮食之一，主要利用部位有籽粒、米糠、茎秆等。如今人们已经很少直接食用，主要用来制糖、做饲料、酿酒。名酒"茅台""竹叶青""汾酒"等都是以高粱为主要原料或重要配料的。

❀ 大麦 ▷▷▷

大麦的碳水化合物含量较高，蛋白质、钙、磷含量中等，含少量 B 族维生素。在北非及亚洲部分地区尤喜用大麦粉做麦片粥，大麦是这些地区的主要食物之一。另外，大麦麦秆柔软，多用作牲畜铺草，也大量用作粗饲料。

❀ 玉米 ▷▷▷

玉米是很古老的粮食作物，旧称玉蜀黍、苞谷等，现通称玉米。曾经在墨西哥尤卡坦半岛昌盛一时的玛雅文化，又被称为"玉米文化"。

玉米地

营养健康——豆类植物

豆类植物包括各种豆科栽培植物的可食种子，豆类包括大豆、豌豆、蚕豆、豇豆、绿豆、小豆等，具有较高的营养价值，如富含蛋白质、脂肪、无机盐和维生素等。

❄大豆 »»

大豆为豆科大豆，属一年生草本植物，原产我国。中国古称菽，是一种种子含有丰富蛋白质的豆科植物。用大豆制作的食品种类繁多，如糕点、小吃等。

大豆呈椭圆形、球形，颜色有黄色、淡绿色等，故又有黄色、青豆之称。

绿豆

❄绿豆 »»

绿豆原产于印度，后来主要种植于东亚、南亚与东南亚一带，也是我国人民的传统豆类食物。绿豆不但具有食用价值，还具有药用价值，在炎炎夏日，绿豆汤是老百姓最喜欢的消暑饮品之一。

❀ 蚕豆

蚕豆又称胡豆、川豆、罗汉豆。蚕豆籽粒蛋白质含量为 25%~28%，含 8 种人体必需氨基酸。不但可以用来制作酱油、粉丝、粉皮等，还可以做饲料、绿肥等。

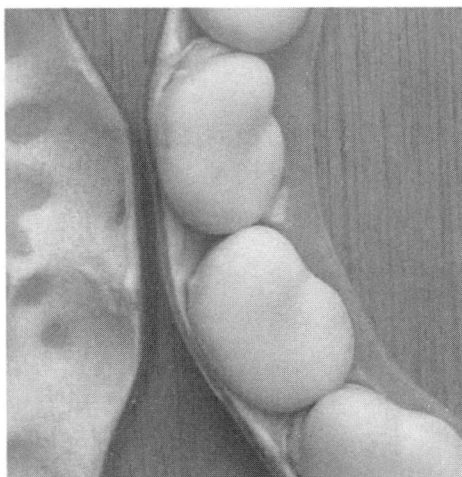
蚕豆花

豆荚里的蚕豆

❀ 豌豆

豌豆属豆科植物，因其适应性很强，在全世界的地理分布很广。豌豆既可做蔬菜炒食，豆子成熟后又可磨成豌豆面粉食用。因豌豆豆粒圆润鲜绿，十分好看，也常被用来作为配菜，以增加菜肴的色彩，促进食欲。另外，豌豆的茎叶不仅能清凉解暑，还可以做绿肥和饲料。

note 知识小笔记

据调查，只要坚持两周每天食用豆类食品，人体便可以减少脂肪含量，提高免疫力，降低患病的概率。

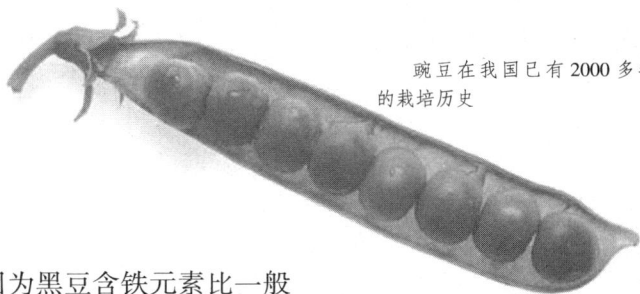
豌豆在我国已有 2000 多年的栽培历史

❀ 黑豆

黑豆有乌发的作用，因为黑豆含铁元素比一般豆类都高，多食可增强体质，抗衰老，令头发乌黑亮丽。用黑豆泡醋，还可以降低血压。

取 "材" 广泛——木材植物

人们在建造坚固的房屋，制作美观实用的家具以及造车、船、桥梁时，都要用到木材，我们称其为木材植物。

❀ 马尾松

马尾松别名松柏、青松，其树高可达 40 米，是一种重要的用材树种，主要供建筑使用，还可以制作包装箱，胶合板等。木材含纤维素约 62%，是造纸和人造纤维工业的重要原料。

❀ 杨树

杨树是世界上分布最广、适应性最强的树种，主要分布在北半球温带、寒温带。杨树可作为木材加工业的原料，如胶合板、纤维板、刨花板等。另外，杨树还是天然的防护林。

note 知识小笔记

铁桦树的木质比橡树硬三倍，比普通的钢硬一倍，子弹打在这种木头上，就像打在厚钢板上一样，纹丝不动，是世界上最硬的木材。

杨树的 "杨" 字的繁体由木和易两字组成，有 "易种之树" 的含义，由此可见我们祖先造字的巧妙用心。

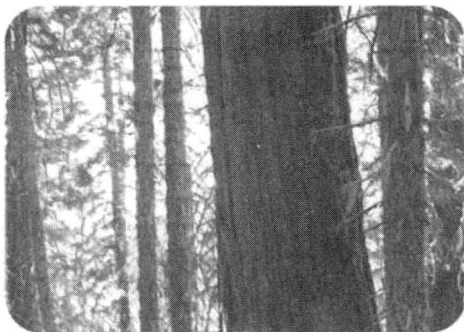

杉木

杉木又名刺杉、沙木，是一种常绿乔木。树高可达 30 米以上，树冠呈尖塔形。它的木材具有质地轻、木纹平直、结构细密、耐朽、易加工、不易受虫蛀等优点，可以供建筑、桥梁、造船、电线杆及造纸等使用，是一种良好的用材树种。

杉木生长迅速，作为速生林已被大面积栽种。

柳杉

柳杉是一种高大的常绿乔木，树冠高大，树干通直，高度可超过 50 米。它的木材纹理直，材质轻软，结构粗，是重要的材用树种，被广泛栽培。柳杉还是园林绿化树种，常植于庭院、公园。

柏树

柏树又名侧柏、香柏，是一种常绿乔木，它的分布极广，自古以来就常栽种于寺庙、陵墓地和庭院中。柏树寿命长，树姿美，枝干苍劲，气魄雄伟，是我国应用最广泛的园林树木之一，它的木材可供建筑和家具等使用。

庄严、肃穆的陵园内常常可以看到四季常绿的侧柏。

人类生活的「助手」

用途广泛——油料植物

油料作物是以榨取油脂为主要用途的一类作物，主要有大豆、花生、芝麻、向日葵、蓖麻、油用亚麻和大麻等。油脂的用途很广，除供人们食用外，在工业、医药、国防上都有广泛应用。

❀ 大豆

大豆成熟后，豆荚会裂开，里面的种子就是大豆。大豆含油量很高，是人们日常生活中重要的食用油。它的消化率高，营养丰富，与动物油相比，胆固醇含量低，长期食用可以减少心血管疾病。

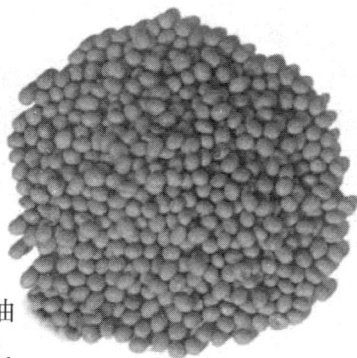

❀ 油菜

我们常吃的菜油就是用油菜的种子榨出来的，油菜籽含油量比大豆还高，用它榨出来的油称为菜籽油，也是人们主要食用的植物油之一。在中国，它的消费量占全国食用油的三分之一以上。

note 知识小笔记

橄榄油是一种优良的不干性油脂，是世界上最重要、最古老的油脂之一。地中海沿岸国家的人们广泛食用这种油脂。

电灯发明之前，菜油除了食用，还能用来照明。

花生

花生是我国最重要的油料作物之一，它的种仁内含有大量的脂肪和蛋白质。在植物油中，花生油品质最佳，除食用外，在工业上也有很多用途。

花生

芝麻榨油后的油饼含有丰富的蛋白质和脂肪，是家禽、牲畜的高营养饲料。

芝麻

芝麻又称油麻、胡麻，是我国四大油料作物之一。芝麻的含油量很高，是生产高级食用油的佳品。芝麻油不但风味独特，芳香浓郁，而且在油漆、颜料、皮革、橡胶工业等方面，也有广泛的用途。

向日葵

向日葵为世界四大油料之一，它的种子富含油脂，不饱和脂肪酸、亚油酸、油酸含量丰富。向日葵种子榨的油是一种极富保健作用的食用油。

人类生活的「助手」

编织衣物——纤维植物

纤维植物是指利用其纤维做纺织、造纸原料或者绳索的植物，如棉类（包括籽棉、皮棉、絮棉）及麻类（大麻、黄麻、槿麻、苎麻、亚麻、罗布麻、蕉麻、剑麻等）。

棉花

棉花是人类的衣料之源，人们称它为"太阳的孩子"。棉花是原产于热带的锦葵科一年生草本植物，它们结出的棉桃中，白色的棉纤维可以纺成纱，再织成棉布，棉布很柔软，对皮肤有很好的保护作用。

苎麻

中国是苎麻的故乡，早在五千多年前就开始用苎麻织布缝衣了。苎麻是一种多年生的草本植物，它的纤维有胶质，长而坚韧，其布做成的衣服凉爽舒适，深受人们喜爱。

note 知识小笔记

据统计，我国已知的纤维植物约有500多种，可算作一个庞大的家族了。

在国防工业上，苎麻还可制作降落伞、帐篷、防雨布等。

黄麻

黄麻在巴基斯坦被大量种植，产量居世界首位，在我国南方亚热带地区也广为栽培。黄麻为一年生草本植物，茎皮中含有大量纤维，它的纤维具有很强的吸湿性，是织麻布和麻袋的上等原料。

桑树

桑树是一种常见的植物，它常生长在山坡上，叶子很宽，人们用它来养蚕，蚕吃了桑叶后会吐丝结茧。蚕茧经过加工后，可以织成光滑柔软的丝绸。

桑树有许多种，有乔木也有灌木，有"华桑""白桑""鸡桑"等多个品种。

亚麻

早在 5000 多年前，瑞士湖栖居民和古代埃及人，已经栽培亚麻并用其纤维纺织衣料，埃及的"木乃伊"就是用亚麻布包盖的。亚麻纤维具有拉力强、柔软、细度好、导电弱、吸水散水快、膨胀率高等特点，可制高级衣料。

成熟后的亚麻茎秆由空心变成实心，里面含有亚麻纤维。

人类生活的「助手」

健康的保证——蔬菜植物

蔬菜是人们生活中不可缺少的营养食品，它们含有人体所必需的各种维生素、矿物质和纤维素，有利于人体的健康。我国是世界蔬菜生产大国，各类型的蔬菜应有尽有。

蔬菜的分类

人们根据蔬菜可食用部分的不同，把蔬菜分为：叶类蔬菜，如菠菜、大白菜；茎类蔬菜，如莴苣、土豆、生姜、洋葱；根类蔬菜，如胡萝卜；花类蔬菜，如黄花菜；果类蔬菜，如番茄、茄子、辣椒、黄瓜等。

日本人把胡萝卜叫作"人参"

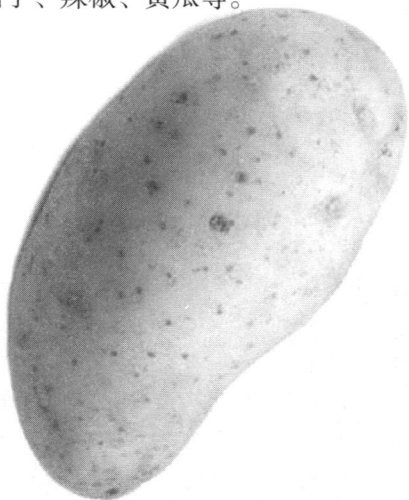

长了芽的马铃薯不能吃，因为那些小芽里含有一种叫作"龙葵素"的毒素，会引起食物中毒。

蔬菜的营养成分

科学家根据蔬菜所含营养成分的高低，将它们分为甲、乙、丙、丁4类。甲类蔬菜富含胡萝卜素、核黄素、维生素C、钙、纤维等，主要有菠菜、芥菜等；乙类蔬菜含有核黄素、胡萝卜素和维生素C，主要有新鲜豆类、胡萝卜、芹菜、大白菜等；丙类蔬菜含维生素类较少，但含热量高，如土豆、南瓜等；丁类蔬菜含少量维生素C，有冬瓜、竹笋等。

南瓜

营养丰富的南瓜，既是蔬菜，又可以当饭吃。它还有许多别的用途，如南美洲人把南瓜挖空以后，用来存放牛奶和粮食。

野生的西红柿果实很小，我们吃到的都是由人工种植而来的。

西红柿

西红柿又叫番茄，喜欢在肥沃的沙质土壤中生长，结出红色或者黄色的果实。西红柿含有丰富的维生素，是人们常吃的蔬菜。

花菜

花菜的花朵能被人们当作蔬菜食用，因其质地细嫩，煮食清淡可口而深受人们欢迎。现代科学研究证明，花菜含有蛋白质、脂肪、胡萝卜素、维生素 A、维生素 B、维生素 C 与矿物质钙等人体不可缺少的营养成分。

我们每吃一口花菜实际已经吞下了几百朵花，因为花菜是由千千万万朵奶黄色的小花蕾组成的，它们密密地挤在一起，形成了一个大花球。

人类生活的「助手」

纯天然绿色植物——野菜

野菜是一种无化肥、无农药残留污染，营养价值较高的天然绿色食品。野菜不仅含人体所必需的蛋白质、脂肪、碳水化合物、维生素、矿物质等营养成分，而且植物纤维更为丰富，尤为珍贵。

✿ 特殊的用途 »»»

野菜不仅能够丰富餐桌，而且也是防病治病的良药，含有各种抗氧化成分和丰富的营养。野菜还被用于化妆品之中，可防止皮肤粗糙，促进新陈代谢。

蒲公英，具有广谱抗菌作用，能激发机体免疫功能，具有清热解毒、利尿除湿、清肝明目的功效。

note 知识小笔记

有些野菜是不能吃的，比如狼毒草、毒芹、毒蘑菇、曼陀罗等，都含有较强的毒性，会对人体造成伤害。

✿ 荠菜 »»»

在田边地头，经常能看到星星点点的荠菜花。它具有较好的食疗作用，是凉血止血、补虚健脾、清热利水的良药。春天摘些荠菜的嫩茎叶或越冬芽，焯过后可凉拌、做汤、炒食等。

荠菜是一种相当小的植物，能够长到 6~20 厘米。主茎中分出细茎，叶为披针状，边缘有齿，春天会开出白色的小花。

✿蕨菜

蕨菜又名蕨儿菜、龙头菜，在野菜中比较常见。蕨菜能起到清热滑肠、降气化痰、利尿安神的作用。此外，蕨菜吃起来鲜嫩滑爽，素有"山菜之王"的美誉。

蕨菜叶呈现卷曲状时，说明它比较鲜嫩，老了后叶子就会舒展开来。

✿薇菜

薇菜富含蛋白质、多种维生素及钾、钙、磷等微量元素，具有抗癌、清热、减肥等功效，并对流感、乙型脑炎等有明显的抑制作用，它也是我国出口的主要野菜品种之一。

✿桔梗

桔梗又叫明叶菜、和尚帽，其枝端能开出蓝色的小花。我们平常吃的都是桔梗根，它有祛痰镇咳、镇痛、解热、镇静、降血糖、消炎、抗溃疡、抗肿瘤和抑菌的作用。

桔梗开蓝紫色的花朵，花形美丽，惹人注目。

人类生活的「助手」

美味多汁——水果植物

水果是指多汁且有甜味的植物果实，不但含有丰富的营养，而且能够帮助消化。新鲜的水果里含有丰富的维生素和人体所需要的多种微量元素。

❋葡萄 ❯❯❯

葡萄是世界上产量最高的水果，它的含糖量高达10%~30%，以葡萄糖为主。另外，葡萄中含有矿物质钙、钾、磷、铁以及多种维生素和氨基酸等，常食葡萄对神经衰弱、疲劳过度的人大有裨益。

葡萄

苹果

❋苹果 ❯❯❯

苹果是世界上栽种最多、产量最高的水果之一。这种大众化的水果富含葡萄糖、果糖、蛋白质、脂肪、维生素 C、维生素 A 等多种物质，不仅营养全面，而且易于吸收，适于各类人群。

山楂

山楂又称山里红，是中国特有的果树，它成熟的果实可以生吃，酸中带甜，回味无穷。用山楂还可以做成各种各样的食品，如山楂糕、山楂片等。

西瓜

西瓜果瓤脆嫩，味甜多汁，含有丰富的矿物盐和多种维生素，是夏季主要的消暑果品。西瓜果皮可制蜜饯、果酱和饲料。它的种子含油量达50%，可榨油、炒食或做糕点配料。另外，吃西瓜对治疗肾炎、糖尿病及膀胱炎等疾病有辅助疗效。

樱桃

樱桃是人们十分喜爱的一种水果，也是含铁量最高的水果。每100克鲜果肉中含铁量是山楂的13倍，是苹果的20倍。铁具有促进血红蛋白再生的功效，因此，樱桃对贫血的人有一定的补益作用。

樱桃

人类生活的「助手」

富含微量元素——干果植物

杏仁、核桃、腰果、榛子并称为世界四大干果。此外，花生、松子、板栗等都是干果家族的成员，它们含有丰富的营养，常吃干果可以补充人体内所需的各种微量元素。

❀杏仁 ▶▶▶

杏仁是四大干果之一，有甜仁和苦仁两种。杏仁含有少量蛋白质、钙、铁、磷及维生素等，也可以作为一种油料植物。

❀榛子 ▶▶▶

榛子又称山板栗，它的外形和栗子很相似，外壳坚硬，果仁肥白而圆,有香气,含油脂量很大。榛子的果仁炒熟后，香脆好吃，用它提炼出来的榛子油是一种高级食用油。

板栗

板栗是我国特有的优良干果树种，它的果实是一种著名干果，秋天成熟的板栗果肉黄白，营养丰富，清香脆甜。它含糖量高，可以炒食和做菜，被誉为"干果之王"。

花生

常吃花生可以延年益寿，所以人们又叫它"长生果"。花生仁香脆可口，营养丰富，含有大量脂肪、蛋白质、维生素，它既可榨油，又可制酱，还可以做糕点和美味菜肴。

因为花生开花落地而结实，所以又名"落花生"。

note 知识小笔记

把干果放入不透气的储物罐里，在干燥凉爽的环境中能储存很长时间。

核桃

核桃也称"胡桃"，素有"木本油料王"之称。它的果实有两层果皮，外果皮成熟时会不规则地开裂，内果皮有许多褶皱。核桃仁营养丰富，具有补气、养血、润燥、化痰等药用价值。

核桃树喜欢气候凉爽的环境，寿命可达500多年。

人类生活的「助手」

美食的配角——调味植物

调料是烹调食物时用来调味的物品，它们是许多美味佳肴的重要"配角"，不但能让菜肴增味，还对健康大有裨益。调味品多数取自不同植物的不同部分，包括果实、根、干花，甚至种子。

❀ 葱

葱是一种很普通的调味品，青色的叶子呈圆筒形，主要以叶鞘组成的假茎和嫩叶供食用。另外，以葱为原料，可做成多种食品，如"葱油""葱椒泥""葱油绍酒"等。

❀ 辣椒

辣椒，又叫番椒、辣子、秦椒等，果实通常为圆锥形或长圆形，辣椒因果皮含有辣椒素而有辣味，能增进食欲，辣椒中维生素C的含量在蔬菜中居第一位。

中空的圆筒状叶

葱内含有蒜辣素，可以抑制癌细胞的生长。

圆柱状的鳞茎

note 知识小笔记

葱能分解蛋白质，从而大大提高蛋白质的吸收利用率，葱几乎可以与任何食物搭配。

姜

姜是一种原产于东南亚热带地区的植物，花为黄绿色，根茎有刺激性香味。根茎鲜品或干品可以作为调味品。它的辛辣香味较重，在菜肴中既可做调味品，又可做菜肴的配料，生姜还可以干食或者磨成姜粉食用。

烹调常用姜有新姜、黄姜、老姜等，按颜色又有红爪姜和黄爪姜之分。

花椒

花椒是花椒树的果实，是中国特有的香料，因而花椒有"中国调料"之称。它的气味芳香，吃起来有些麻酥酥、热腾腾的味觉刺激，可以去除各种肉类的腥臊臭气，改变口感，促进唾液分泌，增加食欲。

蒜

蒜的底下鳞茎味道辣，有刺激性气味，称为"蒜头"，可做调味料，蒜叶称为青蒜或蒜苗，均可做蔬菜食用。另外，蒜还含有大蒜素，具有杀菌和抑制细菌的作用，还可以入药。

人类生活的「助手」

可口饮料——饮料植物

自然界中，许多植物可以制成美味可口的饮料，其中以茶、咖啡和可可最为出名，它们并称为"世界三大饮料植物"。有趣的是，茶发源于亚洲，咖啡发源于非洲，可可发源于美洲，不同的发源地，带给它们不同的文化背景。

❀沙棘

沙棘是一种野生植物，俗称酸柳、酸刺，它的果实中富含多种维生素。用沙棘做原料，可制成酸甜适口、风味独特的沙棘果汁饮料。

沙棘是一种落叶性灌木，其特性是耐旱，抗风沙，可以在盐碱化土地上生存，因此被广泛用于水土保持。

note 知识小笔记

菊花除了可以供观赏、入药以外，还可以制成保健饮料，如菊花茶、菊花果汁等，具有清热降暑的功效。

可可还是制作巧克力的主要原料

❀可可

可可树生长在热带雨林里，可可树的果子是橙黄色的，表面有一条条突出的棱线。用可可做出来的饮料味道很奇妙，里面含有大量的能量，可以补充体力。美味的巧克力就是用可可做成的。

✖咖啡 ▶▶▶

咖啡树生活在气候温暖、雨量充沛的地区，香浓的咖啡就是用它的种子加工而成的。咖啡豆磨成粉后可以做成各种各样的咖啡饮料。喝咖啡有促进消化、提神醒脑的作用。

✖茶 ▶▶▶

中国是茶的故乡，茶是由茶树的嫩叶做成的。茶可以分为绿茶、红茶、花茶等，有解毒和消除疲劳的作用，深受人们喜爱。

绿茶是中国人最喜欢的茶饮品之一，著名的西湖龙井、黄山毛尖等都属于绿茶。

人类生活的「助手」

香气迷人——芳香植物

芳香植物是具有香气和可供提取芳香油的栽培植物和野生植物的总称。常见的芳香植物有薰衣草、迷迭香、薄荷、丁香、玫瑰等。

🍀 丁香

丁香花又名紫丁香、百结花，以独特的芳香、硕大繁茂之花序、优雅而调和的花色、丰满而秀丽的姿态闻名。此外，它还有温胃降逆的功效，花蕾提取的丁香油也是重要的香料。

❀ 薰衣草

薰衣草原产于地中海沿岸、欧洲各地及大洋洲列岛，虽称为草，实际是一种小花。薰衣草有蓝、深紫、粉红、白等颜色，花朵含有丰富的精油。薰衣草油是世界名贵的香料，在药理上具有安定神经、增进睡眠等功效，还可以用来制造香水和化妆品。

香味出众的薰衣草是世界上流行的芳香植物

玫瑰

玫瑰一直以来都是美丽和爱情的象征，它散发着一股迷人的香气，也是世界上著名的香精原料，一滴玫瑰油就要用去1000朵玫瑰花。人们还常用它熏茶、制酒和制作各种甜食。

檀香木是最珍贵的木材，在西藏常用以制作佛像和佛塔。

檀香

檀香木是檀香树的芯材，能散发出一种独特的芳香，被誉为"香料之王"。它原产于印度，最初为敬香之用，现在檀香木被广泛用于提取精油、制作工艺品和高级化妆品。

note 知识小笔记

人们发现芳香植物对某些疾病有治疗效果，如茉莉、桂花的芳香能抑制结核菌；丁香和檀香可以辅助治疗结核病；薄荷的芳香能缓解感冒的不适等。

薄荷

薄荷喜温暖潮湿和阳光充足、雨量充沛的环境，生长良好的薄荷香气十分浓郁，葱绿茂盛。薄荷产品具有特殊的芳香、辛辣感和凉感，有极强的杀菌抗菌作用，常喝它能预防病毒性感冒、口腔疾病，使口气清新。

薄荷是一种芳香植物

人类生活的「助手」

美丽容颜——美容植物

不少植物体内都含有大量的营养成分，不管是食用还是外敷，对增加皮肤弹性和滋润光泽都大有益处，因此我们把这些对皮肤有益的植物叫作"美容植物"。

西瓜

西瓜不仅是一种味道鲜美的水果，它还具有神奇的美容效果。把西瓜皮涂抹在脸上，有滋润、营养、防晒、增白的效果。

芦荟

芦荟又叫油葱，是一种理想的美容植物。对于一般的护肤护发来说，芦荟最有价值的是它那厚厚的叶片中间的凝胶体，具有舒缓、保湿、滋养等多重美肤功效。

在所有瓜果中，西瓜含果汁最丰富，含水量高达96%以上。

狭长的披针形叶子，边缘有黄色刺状小齿。

芦荟能散发出清新的气味，使人保持镇静。

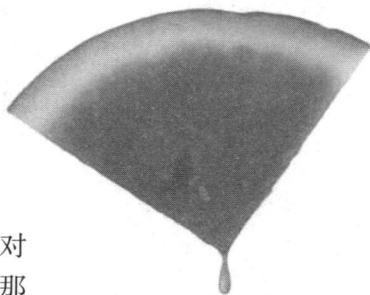

黄瓜

黄瓜是十分有效的天然美容品。黄瓜能有效地促进机体的新陈代谢，扩张皮肤毛细血管，促进血液循环，增强皮肤的氧化还原作用。每日用鲜黄瓜汁涂抹皮肤，可以起到滋润皮肤、减少皱纹的美容效果。

具有蔬菜和美容品双重身份的黄瓜被称为"厨房里的美容剂"

香蕉

香蕉既是一种美味的水果，更是能改善肌肤的好帮手，这是因为香蕉由内至外都有非常丰富的营养。香蕉的果肉具有降低胆固醇的作用，蕉皮素还可抑制真菌和细菌，治疗皮肤瘙痒症。除此之外，它也是理想的天然营养面膜，对面部皮肤皮下微细血管有调节平衡的作用。

由于柠檬中含大量有机酸，对皮肤有刺激性，所以不能将柠檬原汁直接涂在皮肤上。

柠檬

柠檬有独特的美容作用，是有名的美容圣品之一。柠檬中的柠檬酸不但能防止和消除色素在皮肤内的沉积，而且能软化皮肤的角质层，令肌肤变得白净有光泽。

人类生活的「助手」

强身健体——药用植物

很久以来，植物一直是中药的主要原料，特定植物经过人们的加工，可以制成各种各样缓解疾病痛苦的良药。直到今天，药用植物仍在治病保健方面发挥着重要的作用。

人参

人参是珍贵的中药材，由于根部肥大，形若纺锤，全貌颇似人的头、手、足，故而称为人参。人参的根可以入药，能够补脾益肺、生津、安神，具有抗疲劳、增强免疫力的作用。

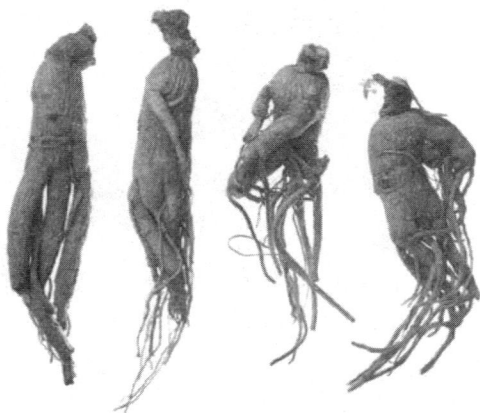

过去人们常错误地把人参当作起死回生的仙药，以为它能包治百病。

雪莲

雪莲在我国分布于西北部的高寒山地，它生长缓慢，至少4~5年后才能开花结果，所以是一种珍贵的高疗效药用植物。雪莲具有散寒除湿、活血通经、抗炎镇痛等功能。

甘草

甘草入药具有悠久的历史，早在两千多年前，《神农本草经》就将其列为药之上乘，有解毒、祛痰、止痛、解痉以至抗癌等药理作用，被称为"百药之王"。另外，甘草还广泛应用于食品工业，用来精制糖果、蜜饯和口香糖等。

味苦的药用植物通常是凉性的，所以黄连对治疗夏天的常见疾病有显著的疗效。

黄连

黄连是一种味道极苦的小草，具有清热燥湿、泻火解毒的功效。用于治疗呕吐吞酸、泻痢、高热神昏、心火亢盛、心烦不寐等有显著疗效。

金银花

由于金银花是一对一对地开花，先开的花瓣为白色，几天后才会变成黄色，因此得名金银花。它具有清热解毒的功效，还被广泛用于保健品、化妆品等领域。

常用中药"银翘解毒丸"的主要成分就是金银花

人类生活的「助手」

琼浆之源——酿酒植物

中国是世界上最早酿酒的国家，早在两千年前就发明了酿酒技术。酿酒与植物紧密相关，因为植物的果实和种子里含有淀粉等营养成分，它们经过发酵后就会转化为酒精。

✿ 啤酒花 ⟫⟫⟫

啤酒花是一种桑科蔓生植物，原产欧洲、美洲和亚洲，它的花朵是酿造啤酒的原料。啤酒花不仅使啤酒具有清爽的芳香气、苦味和防腐力，还形成了啤酒中细腻的泡沫。

啤酒花

✿ 燕麦 ⟫⟫⟫

燕麦又名雀麦、野麦，它的营养价值很高，其脂肪含量是大米的4倍，人体所需的氨基酸、维生素E的含量也高于大米和白面。人们常常利用燕麦来酿酒。

燕麦和玉米

葡萄

葡萄酒是用新鲜的葡萄汁经发酵酿成的酒精饮料。通常分红葡萄酒和白葡萄酒两种。红葡萄酒以带皮的红葡萄为原料酿制而成，白葡萄酒则以不含色素的葡萄汁为原料酿制而成。

苹果

苹果是苹果酒的主要原料，是将苹果经过破碎、压榨、低温发酵、陈酿调配而成。适量饮用苹果酒可以舒筋活络，促进身体健康。

稻米

稻米是制造米酒的原料，米酒，又叫酒酿、甜酒。最好的米酒是把稻米磨到原始大小的30％后酿造而成的，并且不加任何人工原料。但大部分用来酿酒的稻米都没有磨到这种程度，而是添加了纯酒精和糖。

人类生活的「助手」

植物世界的"另类"

在世界各地分布着30多万种植物，它们有的高耸入云，有的匍匐在地，有的缠绕于树枝之间，有的漂浮在水面之上。众多的植物形成了一个姿态万千的植物王国，在这个绿色的国度里当然也不乏一些植物中的"另类"……

植物世界中的吉尼斯——植物纪录

在令人眼花缭乱的植物世界中，无论是植物生长的快慢、寿命的长短，还是果实的大小、种子的轻重，在各个方面均有堪称世界纪录的先锋，正是它们为植物大家庭增色不少。

❀ 寿命最长的树

寿命最长的树叫作"龙血树"，它原产中国南部及亚洲热带地区，一般能活两千年。龙血树的树干粗短，树皮灰白纵裂，树叶繁茂。用刀在树干上面一划，便会流出鲜血般的树汁，因此得名。

龙血树受伤后流出的液体是一种树脂，呈暗红色，是名贵的中药，名为"血竭"或"麒麟竭"，可以治疗筋骨疼痛，还可以做油漆的原料。

❀ 生长最慢的树

在卡拉哈里沙漠中，有一种树名叫尔威兹加树，个子很矮，整个树冠是圆形的，要是从正面看上去，就像是沙地上的小圆桌。它的生长速度慢极了，100 年才长高 30 厘米。

长得最快的树

在四川境内有一种堪称奇特的植物——毛竹，它从出笋到竹子长成，只要两个月的时间，就高达20米，有六七层楼那么高。生长高峰的时候，一昼夜能升高1米。

最高的树

澳洲的杏仁桉树是目前世界上已知树木当中最高的，它们的高度一般都在100米左右，最高的可达156米，几乎相当于50层楼的高度。

最矮的树

最矮的树叫矮柳，生长在高山冻土带。它的茎匍匐在地面上，抽出枝条，长出像杨柳一样的花序，高不过5厘米。如果把杏仁桉树的高度与矮柳相比，一高一矮可相差2000倍。

桉树树姿优美，四季常青，生长异常迅速。

依赖母亲——胎生植物

有少数被子植物，它们好像哺乳动物的胎儿在母体中发育那样，当种子成熟时，并不马上离开母体，而是在果实中萌发，长成幼苗后才离开母体，人们把这类植物叫作"胎生植物"。世界上最有名的胎生植物是热带海滩上的红树。

特殊的红树果实

红树果实成熟时，里面的种子就开始萌发，从母树体内吸取养料，长成胎苗。胎苗长到30厘米时，就脱离母树，利用重力作用扎入海滩的淤泥之中。几小时以后，就能长出新根。

红树发芽

"海岸卫士"

红树林最引人注目的特征是密集而发达的支柱根，很多支柱根自树干的基部长出，牢牢扎入淤泥中形成稳固的支架，使红树林可以在海浪的冲击下屹立不倒。红树林的支柱根不仅支持着植物本身，也保护了海岸免受风浪的侵蚀，因此红树林又被称为"海岸卫士"。

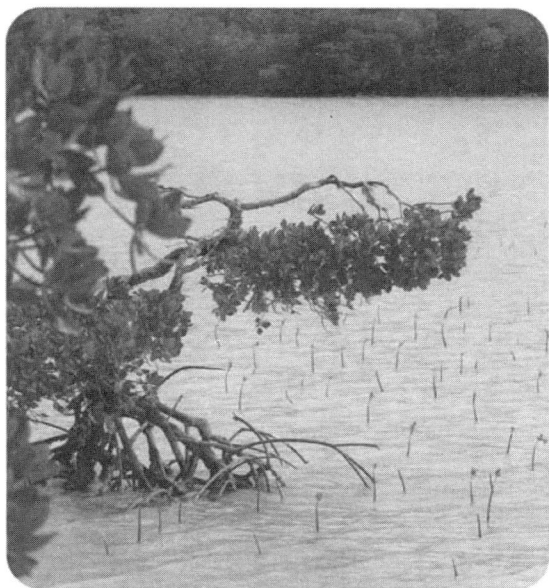

水面上的红树

顽强的生命力

　　如果红树的胎苗下坠时正逢涨潮，便会被海水冲走，但胎苗不会被淹死，因为它的体内含有空气，可以长期在海上漂浮。等到海水退去时，胎苗便会扎下根来，成为开发新"领土"的勇士。经过几十年，又会繁衍成一片红树林。

泌盐现象

　　热带海滩阳光强烈，土壤富含盐分，红树林植物有可排出多余盐分的分泌腺体，叶片则为光亮的革质，利于反射阳光，减少水分蒸发。

百鸟归林

　　红树林是鸟类栖息的天堂，红树林生长的滩涂为鸟类提供了大量的食物，红树林里的害虫也是鸟类的美味佳肴，吸引了大量鸟类栖息。在傍晚的时候，游客在岸边用望远镜可以观察到百鸟归林的奇异景观。

红树林鸟类保护区

植物世界的"另类"

昆虫杀手——食虫植物

具有捕食昆虫能力的植物我们称之为食虫植物。食虫植物一般具备引诱、捕捉、消化吸收昆虫营养的能力，猎物甚至包括一些蛙类、小蜥蜴、小鸟等小动物，所以也被称为食肉植物。

稀有种群 >>>

食虫植物是一个稀有的种群，已知的食虫植物全世界约 600 多种，它们大多生活在高山湿地或低地沼泽中，以诱捕昆虫或小动物来补充营养物质的不足。

捕蝇草 >>>

捕蝇草是一种非常有趣的食虫植物，在叶的顶端长有一个酷似"贝壳"的捕虫夹，且能分泌蜜汁，当有小虫闯入时，能以极快的速度将其夹住，并消化吸收。

猪笼草

猪笼草是有名的热带食虫植物，主产地是亚洲热带地区。猪笼草拥有一个独特的呈圆筒形的捕虫囊，它能够分泌吸引昆虫的腺体，一旦昆虫触到壁上的蜡质时，就会被猪笼草消化掉。

猪笼草的捕虫囊内有蜜腺，能分泌蜜汁引诱昆虫，昆虫进入捕虫囊后，囊盖并不像人们想象的那样合上，但是捕虫囊的囊口内侧囊壁很光滑，所以能防止昆虫爬出。

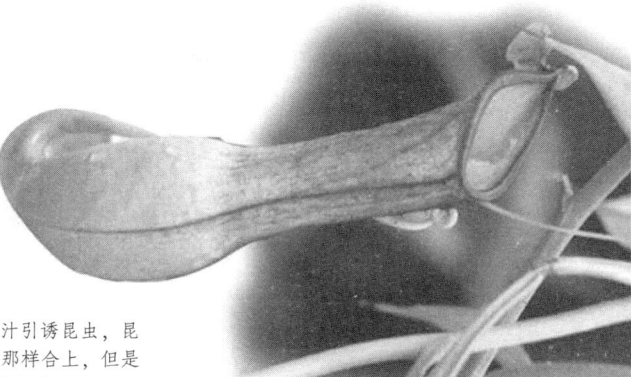

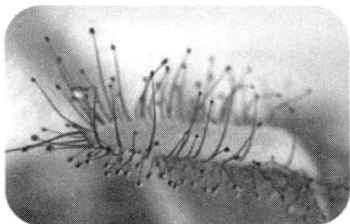

毛毡苔

世界上有90余种毛毡苔类食虫植物，它们利用叶片上众多细毛分泌出带甜香味的黏液，黏住落在上面的蚂蚁或蝇类，然后卷起叶片，捕捉并消化食物。

毛毡苔爱吃蛋白质，不爱吃油脂，如果把一小块肥肉放在上面，几天都不会被消化掉。

知识小笔记

食虫植物通常用蜜汁来吸引昆虫。但这些所谓的蜜汁里都含有有毒物质，当昆虫食用了这种毒液，便会神志不清，或麻痹、死亡。

瓶子草

瓶子草原产西欧、北美和墨西哥等地，它的叶子呈瓶状，并能分泌蜜汁以吸引昆虫，当昆虫失足落下，瓶子草就会将昆虫消化。

瓶子草在瓶形叶接近底部的内壁处，长着许多倒刺，使落入瓶底的昆虫无法逃生。

植物世界的「另类」

不能"自立"——寄生植物

绝 大多数高等植物都能自己制造生长发育所必需的有机营养。但是有一部分植物却过着不劳而获的寄生生活，它们往往从另一些植物身上吸取营养。这种植物被人们称作寄生植物。

分类

根据对植物的依赖程度差异，寄生植物可分为两类，一类是半寄生种子植物，它们有叶绿素，能进行正常的光合作用，但根多退化；另一类是全寄生种子植物，它们没有叶片或叶片退化成鳞片状，不能进行正常的光合作用，从寄主植物内吸收全部或大部分养分和水分。

冬青的果实像樱桃一样红艳，甜中带酸，吸引着过往的小鸟停留、啄食。鸟儿吃过了果实，带着粘在嘴巴上的果核飞走，果核落在别的树上，冬青就这样开始了它的寄生生活。

寄生方式

大多数寄生植物是利用它们的根从寄生的植物体中吸收水分和营养的，有些寄生植物吸收树上滴下来的水，使它们的茎更丰满。

菟丝子

菟丝子喜欢寄生在荨麻、大豆、棉花一类的农作物上。春天，菟丝子种子萌发钻出地面，形成一棵像"小白蛇"的幼苗。一旦碰上荨麻等植物的茎后，马上将其紧紧缠住，然后顺着寄主茎干向上爬，并从茎中长出一个个小吸盘，伸入植物茎内，吮吸里面的养分。

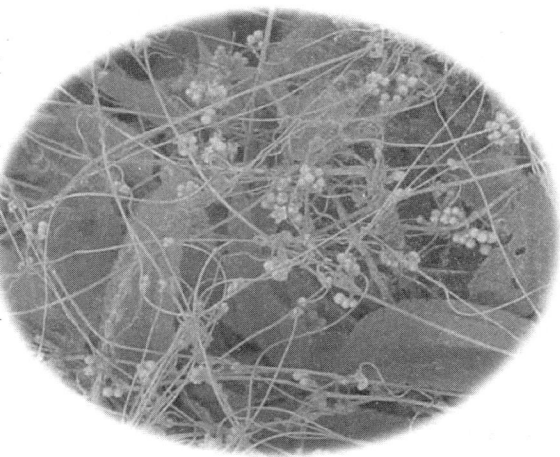

菟丝子的种子具有补肝肾及止泻的功效

野菰

野菰是中国南方比较常见的一种寄生植物，春夏间开花，花谢后结种子，冬天枯死。由于野菰本身没有叶绿素进行光合作用，所以只能寄生在植物体上吸取养分生存。它多寄生于五节芒、甘蔗等植物的根部，因此，别名也叫"蔗寄生"。

桑寄生

桑寄生一般寄生在桑树、栎树、柳树、苹果树等树木上，它们从寄主树干中吸取水分和无机盐，自己制造各种有机物。桑寄生很耐寒，在严寒的冬季，它的叶依旧是绿色的，橙黄色的果实格外引人注目。

桑寄生对空气污染极为敏感，可以作为一种空气污染指示植物。

植物世界的「另类」

"毒"当一面——有毒植物

植物是自然界不可缺少的一部分，提供给人类食物，同时也是重要的工业原料。它们与人们的生活息息相关。但是植物自身的化学成分复杂，其中很多是有毒的物质，不慎接触到，可能会引起很多疾病，甚至死亡。

夹竹桃

夹竹桃原产伊朗，现广植于热带及亚热带地区，其茎、叶、花朵都有毒，它分泌出的乳白色汁液含有一种叫夹竹桃苷的有毒物质，误食会中毒。它的茎皮纤维为优良混纺原料，茎叶还可制杀虫剂。

因为夹竹桃的吸尘能力特别强，所以常被大量栽种在道路两边。

水仙

水仙为石蒜科多年生草本，是中国著名花卉之一，但有毒，误食后会有呕吐、体温上升、虚脱等症状，严重者发生痉挛、麻痹而死。另外，它的叶和花的汁液可以使人皮肤红肿。

✿ 毒箭树

毒箭树亦称"见血封喉"，它生长在广东湛江和海南等地，当地人称其为"鬼树"。它的毒液成分是见血封喉甙，如果不小心把毒液溅到眼睛里，可以使眼睛顿时失明。

✿ 曼陀罗

曼陀罗又叫醉仙桃，它在夏季开花，花朵为纯白色，筒状，花冠是漏斗形的，像一只小喇叭。漂亮的曼陀罗全株都有毒，种子毒性最强，不小心碰到它们就会引起中毒。

曼陀罗

✿ 虞美人

虞美人花姿美好，色彩鲜艳，但全株有毒，尤其以果实的毒性最大，误食后会引起中枢神经系统中毒，严重的甚至有生命危险。

花色艳丽的虞美人

植物世界的"另类"

濒临灭绝——珍稀植物

世界上有一些植物特别珍贵，它们的数量非常少，因为外界或自身的原因，正面临着灭绝的危险。因此，这些植物被人们称为"珍稀植物"。

"茶族皇后"

金花茶是一种古老的植物，极为罕见，全世界90%的野生金花茶仅分布于我国广西十万大山的兰山支脉一带，生长于海拔100~200米的一些低缓丘陵上，数量极少，是世界上稀有的珍贵植物。它金瓣玉蕊，蜡质金黄，晶莹光洁，鲜丽俏艳，被誉为"茶族皇后"。

银杏

银杏又叫白果树，是一种古老而珍贵的落叶乔木，至今自然生长的野生银杏十分稀少，只有在我国浙江西天目山的深谷之中以及其他极少数地区，有少量银杏的原始林分布。

珙桐

珙桐原产中国，初夏开花，花形奇特，似白色鸽子，随风而舞，极为漂亮，被称为"中国鸽子树"。由于森林的砍伐破坏，目前数量较少，分布范围也日益缩小，该物种已被列为中国国家一级重点保护野生植物。

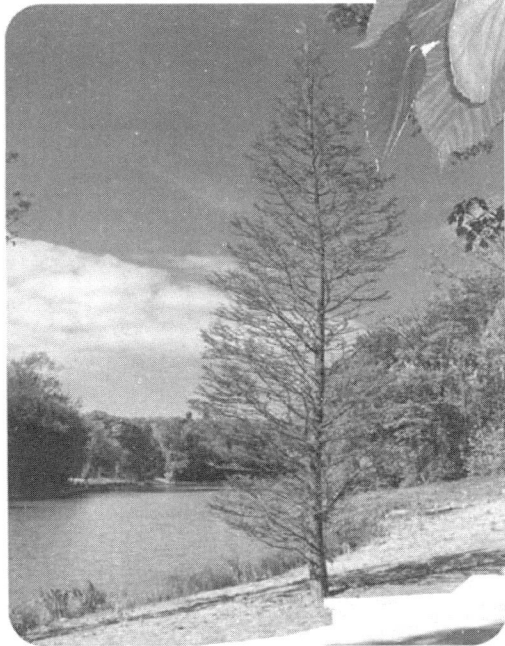

珙桐是第四纪冰川时期幸存下来的"遗老"，所以也有"活化石"之称。

水杉

水杉素有"活化石"之称。水杉树形优美，树干高大通直，生长快，是亚热带地区平原绿化的优良树种，也是速生用材树种。

水杉

桫椤

桫椤产于热带亚热带山地，中生代时在地球上广泛分布，它生长缓慢，生殖周期较长，有根、茎、叶的分化，但不能开花结果，所以它比高等植物略低一等。

桫椤的茎富含淀粉，可供食用，也可入药，具有较高的经济价值，是国家一级保护植物。

植物世界的"无奈"

动起来——会运动的植物

很多人都认为植物似乎是静止的，然而实际情况并非如此。在植物世界中，有不少植物还带有较为明显的"运动"特征，如向光性、向重性、向触性、向水性，等等。

含羞草

植物与动物不同，没有神经系统，没有肌肉，不会感知外界的刺激。而含羞草与一般植物不同，它在受到外界触动时，叶会下垂，小叶片闭合，此动作被人们理解为"害羞"，故称为含羞草。

许多植物园都种植舞草，作为会动的植物宠物，舞草备受关注。

含羞草与其他含羞草属植物的主要分别在于其茎带红色，可入药。

舞草

舞草看起来很普通，可是当人们对它讲话或唱歌时，舞草的小叶片会左右舞动，宛如小草听到你的声音翩翩起舞，因而人们称它为舞草。

风滚草

在我国东北和北美洲的大草原上，有一种会"走路"的植物，名叫"风滚草"。每当秋天，风滚草的枝条都向内弯曲，卷成一个圆球。秋风一吹，"圆球"就脱离根部，拔地而起，开始滚动旅行，直到春暖花开，才停止漂泊，扎根安家。

睡莲

睡莲的花朵会随着太阳的起落而变化。清晨，随着太阳的升起，它会把花瓣慢慢展开；当太阳落山时，它又会把花瓣渐渐关闭，仿佛花晚上也要睡觉，睡莲因此而得名。

睡莲的花朵在晚上闭合是为了防止娇嫩的花蕊被冻伤

向日葵

向日葵从发芽到花盘盛开之前，它的叶子和花盘每天都会追随太阳从东转向西。太阳落山后，向日葵的花盘又慢慢往回摆。这是因为向日葵对阳光十分敏感，在阳光的照射下，生长素在向日葵背光一面的含量急剧升高，刺激背光面细胞拉长，从而慢慢地向太阳转动。

植物世界的"另类"

科技的创新——新型植物

随着科技的进步和发展，科学家打破了植物"种瓜得瓜、种豆得豆"的遗传规律，用先进的科技手段将植物的优良特性加以保存，从而培育出很多新型植物。

✿ 植物嫁接技术

嫁接植物就是把一种植物的枝或芽，嫁接到另一种植物的茎或根上，使接在一起的两个部分长成一棵完整的植株。接上去的枝或芽叫作接穗，被接的植物体也叫作砧木或台木。接穗时，一般选用有 2~4 个芽的苗，嫁接后成为植物体的上部或顶部；砧木嫁接后则成为植物体的根系部分。目前，嫁接技术的应用范围正在不断扩大。除了应用在果树和观赏树木外，草本植物如蔬菜以及林木，其他经济植物如橡胶树、可可树等应用嫁接的也日益增多。

✿ 人工嫁接的植物

在农林业生产实践中，很多植物都是使用嫁接繁殖的，如月季、菊花、仙人掌类，苹果、梨、桃、柑橘等。

嫁接树上开不同颜色的花

基因工程植物

除了嫁接技术，人们还可以通过改变植物基因的方法，培育出具有特殊本领的植物，这种类型的植物称为"基因工程植物"。包括主要的粮棉作物、果蔬、牧草、烟草、花卉、造林树种等。

嫁接出来的仙人掌

嫁接的意义

嫁接对一些不产生种子的果木的繁殖意义重大。嫁接不仅能保持接穗品种的优良性状，还能利用砧木的有利特性，早结果，增强抗寒性、抗旱性和抗病虫害的能力。

太空植物

太空育种即航天育种，指的是将作物种子或诱变材料搭乘返回式卫星送到太空，利用太空特殊的环境诱变作用，使种子产生变异，再返回地面培育作物新品种的育种新技术，具有高产、优质、早熟、抗病力强等特点。

植物世界的「另类」

艺术的化身——植物艺术

绚 丽多姿的植物能够把我们的生活装扮得分外美丽。如今，热爱生活的人们更是赋予了植物新的艺术气息，用它来装点环境，美化生活。

当花朵剪下后，园丁会将枝条末端烧灼，避免水分流失。

✿ 插花 ≫≫

插花是指将剪切下来的植物的枝、叶、花、果作为素材，经过一定的修剪、整枝、弯曲等技术和艺术加工，重新创作出一件精致美丽、富有诗情画意、能再现大自然美和生活美的花卉艺术品。

一件精美的大型根雕往往价值不菲

✿ 根雕 ≫≫

根雕是以树根的自生形态及畸变形态为艺术创作对象，通过构思立意、艺术加工及工艺处理，创作出人物、动物、器物等艺术形象作品，具有一定的使用价值、观赏价值和经济价值。

鲜花插花

鲜花插花全部或主要用鲜花进行插制而成。在插花中，它最具有自然花材之美，色彩绚丽、花香四溢，饱含真实的生命力，具有强烈的艺术魅力，应用范围广泛。然而，鲜花插花也有缺点：水养不持久，费用较高，不宜在暗光下摆放。

花钟

花钟是瑞典植物学家林奈把不同时间开花的花种在一起，把花圃修建得像钟面一样，组成花的"时钟"，这些花在 24 小时内陆续开放。你只要看看什么花刚刚开放，就知道大致是几点钟。

也有"性格"——植物的人性

植物是我们的好朋友，虽然它们没有神经系统，没有肌肉，但它们也有自己特殊的"生理语言"，可以反映自己的需要。植物像人一样，喜欢听音乐，也会生病。

❀ 择邻而居 》》》

植物之间也是择邻而居的，有些植物可以和平共处、互不侵犯，甚至还可取长，互助互利；有些植物却像死对头，彼此都有相互抑制的作用，它们会抑制对方的生长，不是一方受害，就是两败俱伤。

玉米地

❀ 植物中的"亲家" 》》》

玉米和大豆是"亲家"。玉米需要氮肥，大豆的根瘤菌能把空气中的氮固定在土壤里，供玉米吸收利用。所以，它们成了亲密的好"邻居"。洋葱和胡萝卜是一对"好朋友"，它们各自散发出来的特殊气味，能帮对方把害虫赶走。

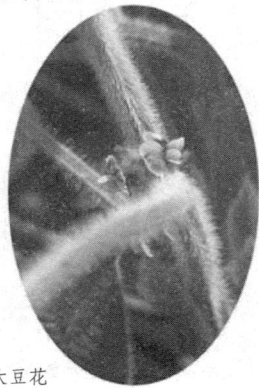

紫色的大豆花

会发烧的树木

生病的树木与人一样也会发烧。原来树木生病后，树根吸收水分的能力就会下降，整个树木得不到所需要的水分，树温就会相应地升高了。根据病树会发烧这个现象，人们可以根据温度来判断哪片森林有病，从而及时采取有效的治疗措施。

植物中的"冤家"

如果让番茄和黄瓜生活在同一个"房子"里，它们就会彼此赌气，不好好生长，因而导致减产。如果将甘蓝和芹菜种在一起，两者生长都不会好，甚至会死亡。

喜欢音乐的植物

科学实验证明，植物还能欣赏音乐。原来，音乐的声波能使植物表面的气孔增大，从而促进了植物的生命活动。印度有一位音乐家让水稻每天听 25 分钟音乐，结果发现听音乐的水稻比没有听音乐的平均产量高出许多。

植物世界的「另类」

绚丽缤纷的花朵

植物之美，莫过于花。花集天地之灵秀，是美的化身。赏花，在于悦其姿色而知其神骨，如此方能遨游在每一种花的独特韵味中，而深得其中情趣。正是这些美丽的花朵把我们的世界装扮得五彩缤纷、多姿多彩。

花中之王——牡丹

牡丹是我国特有的木本名贵花卉，花大色艳、雍容华贵、富丽端庄、芳香浓郁，而且品种繁多，素有"国色天香""花中之王"的美称，长期以来被人们当作富贵吉祥、繁荣兴旺的象征。

❀ 牡丹的分布

中国是牡丹的发祥地和世界牡丹王国。它主要分布于黄河中、下游地区，包括山西、河南、河北、山东等省。其中，中原地区的栽培历史最为悠久，是中国牡丹的主要栽培中心。

牡丹寿命可达百年至数百年

❀ 花朵的分类

牡丹花大色艳，品种繁多。根据花瓣层次的多少，传统上将花分为单瓣（层）类、重瓣（层）类、千瓣（层）类。在这三大类中，又视花朵的形态特征分为：葵花型、荷花型、玫瑰花型、半球型、皇冠型、绣球型六种花型。

牡丹的芽外由6~8枚鳞片所包，所以牡丹芽又称"鳞芽"。牡丹以鳞芽越冬。牡丹的芽按功能和分化程度分为花芽、叶芽、潜伏芽和不定芽四种。

❀ 多样的颜色

牡丹以八大色著称，如白色的"夜光白"、蓝色的"蓝田玉"、红色的"火炼金丹"、墨紫色的"种生黑"、紫色的"首案红"、绿色的"豆绿"、粉色的"赵粉"、黄色的"姚黄"。还有花色奇特的"二乔""娇容三变"等，另外，在同一色中，深浅浓淡也各不相同。

生活环境

绝大多数品种的牡丹都喜欢阳光充足、稍耐半阴的环境，如果在花期时遮阴，开花效果会更好，花期也可以适当延长，特别是对一些不耐日晒的品种更是必要。

药用价值

牡丹除了观赏之外，它的根皮还可以入药，有清热凉血、活血行瘀的功效。

洛阳是牡丹的故乡，牡丹是洛阳市市花，别名"洛阳红"。

绚丽缤纷的花朵

花中西施——杜鹃

杜鹃花十分美丽，它树姿优美，开花时灿烂夺目，每年春天来临时，千万朵美丽的杜鹃花开遍山野，会把整个山坡映得一片火红，所以它又有"映山红"这样一个别称。

分布

杜鹃花属很大，种类极富变化，约800种。原产于北温带，特别是喜马拉雅山脉、东南亚及马来西亚山区的潮湿酸性土壤，在该处形成浓密的灌丛。

杜鹃花的花萼、花冠、雄蕊、雌蕊四部分俱全，属于完全花。

超强的生命力

杜鹃花的根很浅，分布广，能固定在表层泥土上。杜鹃花的生命力超强，既耐干旱，又能抵抗潮湿，无论是大太阳或树荫下，它都能适应。

杜鹃花喜通小风，通风不良容易出现病虫害。但是它也怕大风，尤其是干燥的大风和干热风，对它影响很大。

❁ 净化大师 ❯❯❯

杜鹃花不怕都市污浊的空气，因为它长满了绒毛的叶片，既能调节水分，又能吸附灰尘，最适合种在人多车多空气污浊的大都市，可以发挥净化空气的功能。

note 知识小笔记

黄色杜鹃的植株和花内均含有毒素，误食后会引起中毒；白色杜鹃的花中含有四环二萜类毒素，中毒后引起呕吐、呼吸困难、四肢麻木等。

杜鹃在全世界有 800 多个品种，我国就有 650 多种。不同种类的杜鹃高矮相差很大，小的种类身高还不到 1 米，而大的种类如大树杜鹃，高达数十米。

❁ 实用价值 ❯❯❯

杜鹃花花繁叶茂，绮丽多姿，耐修剪，根桩奇特，是优良的盆景材料。除了观赏，有的叶花可入药或提取芳香油，有的花可食用，树皮和叶可提制栲胶，木材可做工艺品等。

华北、东北常见的迎红杜鹃，开淡紫色的花，呈漏斗形。

❁ 杜鹃醉鱼 ❯❯❯

四川的碧塔海有一处"杜鹃醉鱼"的奇景。杜鹃花盛开的季节，花瓣落在湖中，成群结队的鱼误食了有毒的花瓣后，都翻着白色的肚皮"醉"浮在水面上。"杜鹃醉鱼"由此而得名。

绚丽缤纷的花朵

名花之首——梅花

梅花是世界著名的观赏花木，尤以风韵美著称，每当冬末春初，疏花点点，清香宜人。自古以来人们爱梅、赏梅、画梅、咏梅，形成了特有的梅文化。

✿种类繁多 ▷▷▷

梅花的品种及变种很多，目前大品种有 30 多个，下属小品种有 300 多个。其品种按枝条及生长姿态可分为叶梅、直角梅、照水梅和龙游梅等；按花色花型可分为宫粉梅、红梅、照水梅等。

紫梅的重瓣呈紫色，有一点淡香。

✿多样的花色 ▷▷▷

梅花的颜色有很多种，比如紫红、粉红、淡黄、纯白等。如果成片栽培的话，那种缤纷怒放的情形让人沉醉，有的艳如朝霞，有的白似瑞雪，有的绿如碧玉。

绿萼型梅花的主要特征是萼片为绿色，花多为白色或近白色，重瓣雪白，香味袭人。

精神象征

梅花是中华民族的精神象征，具有强大而普遍的感染力和推动力。梅花象征坚忍不拔、不屈不挠、奋勇当先、自强不息的精神品质。别的花都是春天才开，它却不一样，愈是寒冷，愈是风欺雪压，花开得愈精神，愈秀气。

note 知识小笔记

蜡梅与梅花两者在植物学上既不同科，也不同属，花色、花形、株形等均不相同，只因同是一个"梅"字，香味又略有相似处，因此往往被人误认为是同种。

梅花具有很高的观赏价值

药用价值

梅花的药用范围很广，它的花蕾能开胃散郁、生津化痰、活血解毒。此外，梅花还可提取芳香油。

梅花的香味

梅花的香味别具神韵，清逸幽雅，被历代文人墨客称为"暗香"。那种香味让人难以捕捉却又时时沁人肺腑、催人欲醉。

品赏梅花一般着眼于色、香、形、韵等方面。

梅花树皮漆黑而多糙纹，其枝虬曲苍劲嶙峋，有一种饱经沧桑、威武不屈的阳刚之美。

绚丽缤纷的花朵

花中珍品——茶花

茶花又叫山茶，是一种名贵的观赏植物。因其植株形姿优美，叶浓绿而有光泽，开花时色彩夺目，象征战斗胜利，被誉为胜利之花，从而受到世界园艺界的珍视。

❀ 美丽的茶花 ▶▶▶

茶花是山茶属植物，它干美枝青叶秀，花色艳丽多彩，花姿优雅多态，气味芬芳袭人，人们观赏后赏心悦目，心旷神怡。

茶花是美的象征，鲜丽的山茶花是山茶树的精华。

❀ 分类花色 ▶▶▶

茶花大致可分为单瓣、重瓣和完全重瓣。茶花的花色以红色占大多数，其他的还有粉红色、紫色、白色、黄色、粉白等，另外，还有一种茶花树可以开出不同的花色。

洁白芬芳的茶花

实用花卉

山茶花在我国已有 1000 多年的栽培历史，品种极多。除用于观赏外，其木材细致，可用于雕刻，种子可榨油。此外，因它四季常青、冬季开花的特性，也可以在城市、企业园林绿化方面得到广泛的应用。

叶子边缘有细锯齿，呈卵形或椭圆形。

珍贵的金花茶

金花茶是山茶花家族中唯一拥有金黄色花瓣的品种，自古有"茶花金色天下贵"的美誉。这种植物分布区域狭窄，且成活率低，是世界稀有的珍贵植物，一直被视为"植物界的大熊猫"，是国家一级保护植物。

茶花颜色艳丽多彩，花型秀美多样，花姿优雅多态，气味芬芳袭人，是我国南方重要的植物造景材料之一。

净化空气

茶花植株具有很强的吸收二氧化碳的能力，对二氧化硫、硫化氢、氯气、氟化氢和烟雾等有害气体，都有很强的抗性，因而能起到保护环境、净化空气的作用。

绚丽缤纷的花朵

天下第一香——兰花

兰花是中国传统名花，自古以来就以其简单朴素的形态、高雅俊秀的风姿、文静的气质、刚柔兼备的秉性和"在幽林亦自香"的美德而赢得了人们的敬重，被誉为"花中君子"。

✖ 种类繁多 ▶▶▶

全世界兰花的品种有2万多种，通常分为中国兰和洋兰。在中国，兰花一般指兰属的植物，如春兰、蕙兰、建兰等，主要分布在长江流域及墨兰以南诸省区，而洋兰大多分布在热带和亚热带地区。

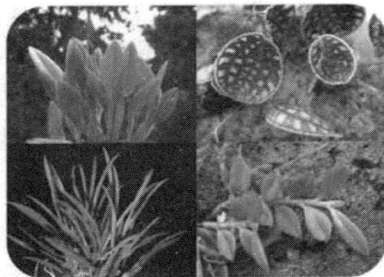

不同品种的兰花

雅俗共赏的兰花是一种以香著称的花卉。它幽香清远，一枝在室，满屋飘香，被人颂为"国香"。

✖ 生活习性 ▶▶▶

兰花喜阴凉潮湿、空气流通的环境，忌阳光、干燥，喜富含大量腐殖质、排水良好、微酸性的沙质土壤。

药用价值

兰花的根、叶、花、果、种子均有一定的药用价值。它的根可以治肺结核、肺脓肿及扭伤，也可接骨，它的叶子还可以治百日咳，果能止呕吐。

食用价值

兰花的香气清新、醇正，用来熏茶，品质最高。兰花不仅可做汤，还可做菜肴，是筵席上的著名川菜，清香扑鼻，缭绕席间，食之令人终生难忘。

兰花的根是丛生的须根系，上面没有根毛，按结构可分为内、中、外三部分，最外层为包围全根的根皮组织。根内贮藏着丰富的水分和养料。

知识小笔记

20世纪60年代早期，法国科学家首次把组织培养技术用于兰花繁殖。1966年，第一株分生无性系兰花在美国培育成功。

兰花的寓意

兰花以它特有的叶、花、香，给人以极高洁、清雅的优美形象。古今名人对它评价极高，被喻为"花中君子"。古代文人常把诗文之美喻为"兰章"，把友谊之真喻为"兰交"，把良友喻为"兰客"。

兰花所散出的香气，虽能让人心旷神怡，但久闻之会令人过度兴奋而引起失眠。

绚丽缤纷的花朵

翩翩起舞——蝴蝶兰

蝴蝶兰在洋兰世界中被誉为"洋兰王后"，是热带兰中的珍品。其花形如彩蝶飞舞，色彩艳丽，是国际流行的名贵花卉，在世界各国被广为栽培。

分布

蝴蝶兰发现于1750年，迄今已发现70多个原生种，大多数产于潮湿的亚洲地区，自然分布于阿隆姆、缅甸、印度洋各岛、南洋群岛、菲律宾以至台湾岛，其中，以台湾岛出产最多。

note 知识小笔记

兰花有君子之风，而蝴蝶兰象征着友谊与爱情纯洁高贵、丰盛快乐、吉祥与长久。

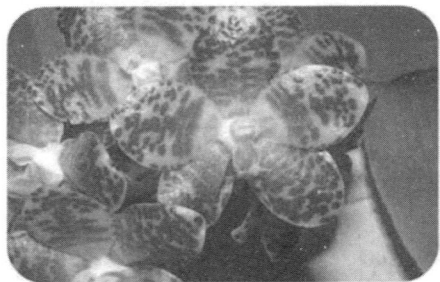

象耳蝴蝶兰

鲜艳夺目的花朵

蝴蝶兰鲜艳夺目，既有纯白、鹅黄，也有淡紫和蔚蓝。有不少品种为双色或三色，每枝开花七八朵，多的十二三朵，可连续观赏六七十天。当全部盛开时，仿佛一群列队而出的蝴蝶正在轻轻飞翔。

✿特殊的气生兰 ›››

蝴蝶兰能吸收空气中的养分，归入气生兰范畴，但它的植株非常奇特，既无匍匐茎，也无假球茎。每棵只长出数张汤匙般肥厚的阔叶，交互叠列在基部之上。白色粗大的气根则露在叶片周围，有的攀附在花盆的外壁，极富天然野趣。

✿怕冷的蝴蝶兰 ›››

由于蝴蝶兰生长于热带雨林地区，喜高温、高湿、半阴的环境，生长适温为15℃~20℃，在冬季10℃以下就会停止生长，低于5℃容易死亡。

✿红珍珠 ›››

红珍珠是蝴蝶兰的一个新品种，其花型圆整，排列整齐，萼片和花瓣都呈紫红色，有深红脉纹和少量雪花点。另外，它18个月就可成花，植株花梗粗壮，总花朵数最多达20朵以上。耐热性和耐寒性均较强。

绚丽缤纷的花朵

出泥不染——荷花

荷花原产我国，以中国传统十大名花著称于世。它花大色艳，亭亭玉立，出淤泥而不染，迎骄阳而不惧，姿色清丽而不妖，成为中国园林水景的重要花卉。

❁ 美丽的花朵 ▶▶▶

荷花的花瓣有单瓣、复瓣、重台、千瓣之分，颜色也有深红、粉红、白及间色等变化。它的花期一般在6~9月，其中花径最大可达30厘米。

清香四溢的荷花被视为花中仙子，成为高尚品德的象征。

❁ 特殊的生长方式 ▶▶▶

荷花的根茎种植在池塘或河流底部的淤泥上，而荷叶挺出水面，在伸出水面几厘米的花茎上长着花朵。

多花型荷花又称千瓣莲，是荷花当中的珍品，它的一个花蕾内包含两个以上的花蕊。

使用价值

荷花的地下茎是莲藕，叶是荷叶，果实是莲蓬，种子为莲子。莲藕和莲子可以食用，荷花的花、嫩叶也都可以食用，大的莲叶还可以用于包装食物。

荷花的根茎，也就是藕，横生于水底淤泥中，可以食用。

荷花还是友谊的象征和使者，中国古代民间就有春天折梅赠远、秋天采莲怀人的传统。

"荷"被称为"活化石"，因为它是被子植物中起源最早的植物之一。

圣洁的代表

荷花是圣洁的代表，更是佛教神圣净洁的象征。荷花清洁无暇，很多人都以荷花"出淤泥而不染，濯清涟而不妖"的品质作为激励自己洁身自好的座右铭。

长寿的种子

荷花可以用种子或根茎繁殖，最特别的是，荷花的种子莲子可以存活上千年。在仰韶文化遗址中发现的两枚古莲子，其历史超过了 3000 年。

莲蓬，莲花的果实，晒干后，莲蓬可以用于插花。

绚丽缤纷的花朵

凌波仙子——水仙

水仙原产欧洲，据记载，唐代自意大利传入中国，作为名贵花卉栽培，至今已有1000多年的历史了。它叶姿秀美，花香浓郁，亭亭玉立水中，故有"凌波仙子"的雅号。

水仙花的品种

水仙花主要有两个品种：一是单瓣，花冠色青白，花萼黄色，中间有金色的冠，形如盏状，花味清香，所以叫"玉台金盏"，花期约半个月；另一种是重瓣，花瓣十余片卷成一簇，花冠下端轻黄而上端淡白，名为"百叶水仙"或称"玉玲珑"，花期约20天。

寒冬时节，百花凋零，水仙花却叶花俱在，仪态超俗。

顽强的生命力

水仙花是点缀元旦和春节最重要的冬令时花，它通常是在浅盆中栽培，只需要适当的阳光和温度，一勺清水、几粒石子，就能生根发芽。

黄水仙是愚人节的象征，这一天，美国家庭习惯用水仙花和雏菊装饰房间，组织家庭舞会。

❀有毒的水仙

水仙全草有毒，鳞茎毒性较大。误食后有呕吐、腹痛、出冷汗、呼吸不规律、体温上升、昏睡、虚脱等症状，严重者发生痉挛、麻痹而死。

水仙在栽培过程中，如果因为栽培的季节、方法不当，可能会造成花葶中途夭折，花蕾枯萎或花未开先衰的现象，这叫作"哑花"。

黄水仙又名喇叭水仙，它的花茎挺拔，花朵硕大，花色温柔和谐，清香诱人，是世界著名的球根花卉。

note 知识小笔记

水仙是一种多年生植物，它是靠鳞茎来繁殖的，如果将那些已开过花的鳞茎再埋到土里，它就可以继续生长繁殖。

❀希腊神话中的水仙

在希腊神话中，水仙原是个美男子，他不爱任何一个少女，而有一次，他在一山泉饮水，见到水中自己的影子时，便对自己产生了爱情。当他扑向水中拥抱自己的影子时，灵魂便与肉体分离，化为一株漂亮的水仙。

绚丽缤纷的花朵

花中皇后——月季

在 姹紫嫣红的百花园中，月季花容秀美，千姿百色，四时常开，不负"花中皇后"之名，深受人们喜爱，被评为我国十大名花之一。

❀月季的由来 ▷▷▷

月季是野生蔷薇的一种。人们对野生蔷薇进行长期人工栽培和品种选育工作，最后培育出一年能反复开花的蔷薇，就是月季。月季也是因为月月季季鲜花盛开而得名。

❀生长环境 ▷▷▷

月季喜日照充足，空气流通，排水良好，能避冷风、干风的环境。大多数品种最适温度白昼为 15℃~26℃，晚上为 10℃~15℃。冬季气温低于5℃时，即进入休眠。

在花卉市场上，月季与蔷薇经常被误认为是玫瑰，其实三者是有区别的。

一株地被月季一年可萌生50个以上的分枝，每枝可开花50~100朵。

香水月季

香水月季是一个杂交品种，是月季与巨花蔷薇的混种，它能在短期内反复开花，花朵开放缓慢，瓣质较厚，花色持久，叶片漂亮，茎刺少。

香水月季

note 知识小笔记

月季花所发散出的香味会使个别人闻后感到胸闷不适，憋气与呼吸困难，所以不适宜栽种在居室。

多样的枝干

月季的枝干特征因品种不同而不同，有高达100~150厘米、直立向上的直升型；有高度60~100厘米、枝干向外侧生长的扩张型；有高不及30厘米的矮生型或匍匐型；还有枝条呈藤状、依附于其他物向上生长的攀缘型。

价值用途

月季可用于布置花坛、庭院，可制作月季盆景，做花篮、花束等，花朵可提取香料，根、叶、花均可入药，具有活血消肿、消炎解毒的功效。

月季的枝干除个别品种光滑无刺外，一般都有皮刺。皮刺的大小、形状、疏密因品种而异。

月季花单生或丛生于枝顶，花型及瓣数因品种而有很大差异，色彩丰富。

绚丽缤纷的花朵

花中君子——菊花

菊花是中国传统名花，它隽美多姿，不以娇艳姿色取媚，却以素雅坚贞取胜，盛开在百花凋零之后，自古以来被视为高风亮节、清雅洁身的象征，它和梅、兰、竹一起被人们誉为"四君子"。

悠久的历史 ▶▶▶

菊花原产于中国，是世界菊花的起源中心，分布有较多的野生菊花。中国栽培菊花具有 3000 多年的历史，早在古籍《礼记》中就有"季秋之月，菊有黄花"的记载。

菊花喜欢阳光充足、气候凉爽、地势高、通风良好的生长环境。

品种繁多的菊花 ▶▶▶

中国目前拥有 3000 多个菊花品种，从其花色上分有黄、白、紫、绿等色，并有双色种；从花形上分有单瓣、复瓣、扁球、球形、外翻、龙爪、毛刺、松针等形；从栽培方式上分有立菊、独本菊、大立菊、悬崖菊、花坛菊、嫁接菊；从花期上分有春、夏、秋、冬、四季菊等。

粉面金刚也是菊花的一个品种，适合于盆植，它的花正面为淡紫色，背面为粉白色。

观赏价值

菊花有其独特的观赏价值，人们欣赏它那千姿百态的花朵、姹紫嫣红的色彩和清隽高雅的香气，尤其在百花枯萎的秋冬季节，菊花傲霜怒放，它不畏寒霜欺凌的气节，也正是中华民族不屈不挠精神的体现。

中国人极爱菊花，从宋代起，民间就有一年一度的菊花盛会。

药用价值

菊花为菊科多年生草本植物，是我国传统的常用中药材之一，主要以头状花序供药用，它有清凉镇静的功效，可以治头痛、眩晕、血压亢进、神经性头痛及眼结膜炎等症。

精神象征

中国赋予菊花高尚坚强的情操，象征着民族精神，被视为国粹而受人喜爱。菊作为傲霜之花，一直为诗人所偏爱，古人尤爱以菊比拟自己坚贞不屈的高尚情操。

菊花与玫瑰、剑兰、香石竹、郁金香一起并称为"世界五大鲜切花"。

绚丽缤纷的花朵

爱情使者——玫瑰

玫瑰又被称为刺玫花、徘徊花、刺客，属于蔷薇科蔷薇属灌木。长久以来一直是美丽和爱情的象征。因玫瑰花可提取高级香料玫瑰油，玫瑰油的价值比黄金还要昂贵，故玫瑰有"金花"之称。

种类繁多的玫瑰

玫瑰原产于东方，但如今已遍布全世界，主要出现于温带。原始的品种包括野生玫瑰共有 200 多种，而混种与变种则有成千上万种。

国际香料

玫瑰很香，它是世界上著名的香精原料，以花瓣、花蕾为原料可开发的产品很多，例如玫瑰精油、玫瑰浸膏、净油等都是极名贵的天然产品，可用作高级香水、医药、食品、化妆品、香精、香料和工艺品。

❀"玫瑰之邦"

保加利亚是世界上最大的玫瑰产地，素以"玫瑰之邦"闻名。玫瑰是保加利亚的国家象征，那里种植的玫瑰有上百种，所产的玫瑰油质地纯正、香气浓郁，最高年产量为 2 吨，出口量一直居世界第一位。

❀玫瑰与月季

玫瑰与月季是姐妹花，长得像双胞胎，花形花色也很相近。不同点是玫瑰叶皱而有刺，月季无刺而叶平；月季常开，玫瑰每年仅开两三度。

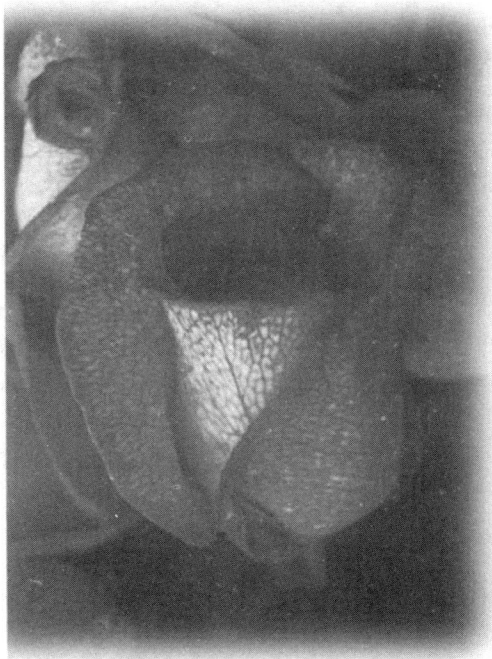

❀蓝玫瑰

玫瑰在自然界中并没有蓝色，于是有人采用特殊染色剂将白玫瑰染成蓝玫瑰。后来有机构耗巨资在玫瑰基因中植入能刺激蓝色素产生的基因，从而得到可自然呈现蓝色的新玫瑰。

绚丽缤纷的花朵

分布地区

玫瑰喜欢阳光，耐旱，耐涝，也能耐寒冷，适宜生长在较肥沃的沙质土壤中。它原产于亚洲东部地区，现在主要分布在我国华北、西北以及日本、朝鲜等地，在其他许多国家也被广泛种植。

药用玫瑰

玫瑰的花蕾、叶、根都可以入药。玫瑰花具有理气、活血、调经的功能，对肝胃气痛、跌打损伤等症具有独特的疗效。此外，玫瑰还可用于食疗，例如玫瑰花泡茶可以治疗食道痉挛引起的上腹胀痛。

法国玫瑰

法国玫瑰又叫法兰西玫瑰或粉玫瑰，它耐寒，耐旱，抗病力强，抗污染，对土壤要求不严，在微碱性土地也能生长。法国玫瑰的花期长，花朵大而且出油率高，适合种植范围广，是不可多得的优良品种。

❀ 大宗消费品 ▶▶▶

玫瑰一直是国际化妆品
企业的大宗消费品，尤其是精
油的制作需要耗费成吨的玫瑰
花，还有各种各样的水、乳、
精华，都需要大量的玫瑰提取
液。世界上著名的化妆品企业
瑞士传奇每年的玫瑰收购量要
达到数十吨。

❀ "精油之后" ▶▶▶

玫瑰精油是世界上最昂贵的精油，被称为"精油之后"。它具有很好的美容
护肤作用，可以淡化斑点，改善皮肤干燥，恢复皮肤弹性，让女性拥有白皙、充
满弹性的健康肌肤，是最适宜女性保健的芳香精油。

绚丽缤纷的花朵

云裳仙子——百合

百合花姿雅致，叶片青翠，茎干亭亭玉立，是名贵的切花新秀，是一种从古到今都受人喜爱的世界名花。

美丽的云裳仙子

百合花植株挺立，叶似翠竹，沿茎轮生，花色洁白，状如喇叭，姿态异常优美，能散发出阵阵幽香，被人誉为"云裳仙子"。

生长习性

百合花为短日照植物，喜温暖湿润和阳光充足的环境。较耐寒，怕高温、高湿度。百合花适宜肥沃疏松、排水良好的土壤，对腐殖质要求不太高。

❄ 药用价值 ▸▸▸

百合具有较高的营养成分和药用价值，有润肺止咳、清心安神、补中益气之功能，能治咳嗽痰血、虚烦、神志恍惚、脚气、浮肿等症。

❄ 百年好合 ▸▸▸

百合的种头由近百块鳞片抱合而成，寓意着"百年好合""百事合意"。故历来许多情侣在举行婚礼时都要用百合来做新娘的捧花。除了这种好预兆之外，它那副端庄淡雅的芳容确实十分可人。

❄ 香水百合 ▸▸▸

香水百合属于人工培育的百合花品种，号称是百合中的女王。它的茎直立，水平开花，花大，香气袭人，主要颜色是白色，自然花期为夏季。

绚丽缤纷的花朵

"功夫"超群——倒挂金钟

倒挂金钟开花时，垂花朵朵，婀娜多姿，如悬挂的彩色灯笼，故又有"吊钟海棠"和"灯笼海棠"的别称。盆栽适于客厅、花架、案头点缀，是美丽的观赏植物。

种类繁多

倒挂金钟为多年生常绿灌木，花单生于枝端叶间，梗长，萼筒呈钟状或筒状，常倒垂。花朵如悬挂的灯笼，花有粉红、紫红、杏黄、白等色，四季开花，春秋最盛。

"花中娇女"

倒挂金钟原产南美，喜温和、凉爽而湿润的环境，其最佳生长温度为1℃~15℃。夏季，它怕强烈的直射阳光与高温；冬季，它又怕5℃以下的寒冷，所以也被称为"花中娇女"。

白色的倒挂金钟

紫红色的倒挂金钟

种植技巧

倒挂金钟是一种深受人们喜爱的盆栽花卉，几乎不产生种子，常依赖扦插来繁殖。实践证明，"水浸沙插素土养根法"在自然条件下成活率基本上可达100%，另外土壤应疏松、肥沃，排水良好，积水易发生烂根。

适时摘心

倒挂金钟的花芽一般生于新梢的叶腋间，故苗期摘心后，植株分枝多而均匀，开花繁茂，且株形丰满。摘心后可以调节倒挂金钟的花期，一般摘心次数少，开花早；摘心次数多，开花就晚。

净化空气

除观赏价值外，倒挂金钟还是一种传统的中药材，具有行血去瘀、凉血祛风之功能，主治皮肤瘙痒、痤疮等病症。

绚丽缤纷的花朵

清香袭人——茉莉

花园中的百花姹紫嫣红，姿态万千，芳香四溢。其中有一个品种姿压群芳，栽培历史悠久，广受大众喜爱，它就是茉莉。

芳香的花朵

茉莉花为木樨科植物，常绿小灌木或藤本状灌木，高可达1米。一枝通常有三朵花，花朵为白色，发出淡淡的芳香，花期较长，可以从初夏一直持续到深秋。

种类繁多

茉莉原产于印度一带，中心产区在波斯湾，现广泛种植于亚热带地区。茉莉花大约有200个品种，主要有单瓣茉莉、双瓣茉莉和多瓣茉莉，其中双瓣茉莉是中国大面积栽培的主要品种。

广泛的用途

茉莉花多用盆栽，点缀室容，清雅宜人，还可加工成花环等装饰品。另外，茉莉花清香四溢，能够提取茉莉油，是制造香精的原料，价格很高。茉莉花、叶、根均可入药。

茉莉花茶

生活习性

茉莉花喜温暖湿润的环境，在通风良好、半阴环境生长最好。土壤以含有大量腐殖质的微酸性沙质土壤最适合，大多数品种畏寒、畏旱，不耐霜冻、湿涝和碱土。

茉莉花茶

茉莉花的花瓣可用来制作茉莉花茶，气味芳香。多饮用可安定情绪、消除神经紧张、去除口臭、提神解乏、润肠通便、美容、明目，还有防治腹痛、慢性胃炎的功效。

绚丽缤纷的花朵